高等职业院校前沿技术专业特色教材

无人机操控技术

◎ 主　编　秦昶　黄勤
副主编　周延　游永彬

清华大学出版社
北京

内 容 简 介

本书主要以四旋翼为例讲述无人机操控技术,课程安排从模拟飞行开始,由浅及深带领学生系统学习无人机的飞行操控。本书可以让学生在掌握较为实用的飞行技术和飞行技巧的基础上学习面对复杂的飞行环境时,具备足够的应变能力。本书可以帮助学生了解和掌握多旋翼无人机操控技术,内容安排结构合理、入门简单、层次分明、内容充实,每个章节有相关习题作为学习总结。

本书可作为职业院校无人机应用技术专业教材,也可作为无人机爱好者学习多旋翼无人机操控的自学用书。

图书在版编目(CIP)数据

无人机操控技术/秦昶,黄勤主编.—北京:清华大学出版社,2021.7
高等职业院校前沿技术专业特色教材
ISBN 978-7-302-56234-4

Ⅰ. ①无… Ⅱ. ①秦… ②黄… Ⅲ. ①无人驾驶飞机—教材 Ⅳ. ①V279

中国版本图书馆 CIP 数据核字(2020)第 151605 号

责任编辑:张 弛
封面设计:刘 键
责任校对:赵琳爽
责任印制:沈 露

出版发行:清华大学出版社
   网　　　址:http://www.tup.com.cn,http://www.wqbook.com
   地　　　址:北京清华大学学研大厦 A 座　　　　邮　　编:100084
   社 总 机:010-62770175　　　　　　　　　　邮　　购:010-62786544
   投稿与读者服务:010-62776969,c-service@tup.tsinghua.edu.cn
   质量反馈:010-62772015,zhiliang@tup.tsinghua.edu.cn
   课件下载:http://www.tup.com.cn,010-83470410
印 装 者:三河市龙大印装有限公司
经　　销:全国新华书店
开　　本:185mm×260mm　　　印　　张:8.25　　　字　　数:110 千字
版　　次:2021 年 7 月第 1 版　　　　　　　　　印　　次:2021 年 7 月第 1 次印刷
定　　价:49.00 元

产品编号:088170-01

编写委员会

丛书主编：

　　姚俊臣

编　　委：

　　周竞赛　李立欣　张广文

　　胡　强　朱　妮

序言

　　职业教育与普通教育作为高等教育的两翼,具有同等重要的地位。改革开放以来,职业教育为我国经济社会发展提供了有力的人才和智力支撑,现代职业教育体系框架全面建成,服务经济社会发展能力和社会吸引力不断增强,具备了建设科技强国的诸多有利条件和良好工作基础。随着我国进入新的发展阶段,产业升级和经济结构调整不断加快,各行各业对技术技能人才的需求越来越紧迫,职业教育的重要地位和作用进一步凸显。这一点在我国航空科技领域愈发突出,航空产业发展离不开大国工匠和高水平的职业技术人才。

　　作为我国航空科技飞速发展的重要代表,无人机技术广受关注,已经一跃成为通用航空领域的一支新生力量,目前中国民用消费类无人机已占全球 70% 左右的市场份额。2017 年12 月,工业和信息化部印发《关于促进和规范民用无人机制造业发展的指导意见》。到 2025 年,综合考虑产业成熟度提升后的发展规律,民用无人机产业将由高速成长转向逐步成熟,按照年均 25% 的增长率测算到 2025 年民用无人机产值将达到 1800亿元。2020 年,习近平总书记在视察空军航空大学时指出:"现在各类无人机系统大量出现,无人作战正在深刻改变战争面貌。要加强无人作战研究,加强无人机专业建设"。职业技术院校无人机应用技术专业成为当下最热门的专业之一,已有

500 多所院校新设相关专业,远超设置航空相关专业的综合性大学数量。

目前国内无人机教育仍然处在探索和起步阶段,伴随着近年来国内无人机市场的井喷发展,无人机人才需求缺口也日益凸显,尤其是无人机技能人才缺口更大。从不同层次的学科培养角度,院校需要区分高等教育和职业教育的特点,进而达到有针对性的教育目的,实现人才培养和供给的多元化。随着人社部把无人机驾驶员作为 13 个新职业之一,无人机应用成为新热点,具备实际操作能力的无人机操控及维护人员将成为炙手可热的人才。在我国就业形势异常严峻的大背景下,无人机应用技术人才却成为国家紧缺人才之一,专业无人机操控技能将显示出超强的竞争力,学习和参与无人机的人数逐年上涨。2019 年,无人机装调检修工再次成为新兴职业,新增无人机专业(或无人机方向)的中高职院校将很快超过 1000 所,但是与通用航空事业已经较成熟的发达国家相比,与建设现代化经济体系、建设科技强国的要求相比,我国无人机职业教育还存在着体系建设不够完善、无人机职业技能实训基地建设有待加强、制度标准不够健全、企业参与办学的动力不足、技术技能人才成长的配套政策尚待完善、办学和人才培养质量水平参差不齐等问题。

为贯彻落实《职业学校校企合作促进办法》《国家职业教育改革实施方案》等文件精神,推动无人机职业教育事业发展,提高职业教育发展水平,完善高层次应用型人才培养体系,促进校企产教融合,为企业培养具有良好职业素质的应用型人才,中国航空学会组织 40 余位航空科技,尤其是无人机科研和教育方面的专家编写了本系列教材,希望为无人机技能人才培养提供参考支撑。这是中国航空学会作为我国航空科技领域最具影响力的科技社团的使命与职责。

本系列教材得到了北京小飞手教育科技有限公司和圆梦天使(北京)教育科技有限公司的大力支持,在此深表感谢。

中国航空学会理事长

林左鸣

前言

近年来无人机行业飞速发展，其应用范围越来越广泛，从国防军事到农业管理都有它的身影。由于无人机成本相对较低、无人员伤亡风险、生存能力强、机动性能好、使用方便等的优势，使得无人机在航空拍照、地质测量、高压输电线路巡视、油田管路检查、高速公路管理、森林防火巡查、毒气勘察、缉毒和应急救援、救护等民用领域应用前景极为广阔。可以预见，无人机将融入到更多的领域和行业当中。

"德国工业4.0"的提出和"中国制造2025"国家行动纲领的发布，更使得无人机民用化的步伐越来越快，无人机技术已经成为重要的国际博弈工具。我国高度重视无人机行业的发展，国务院、工信部、中国民航局等相继出台了一系列鼓励政策助推无人机行业的发展。在这样的大环境和政策红利下，无人机行业应用水平和整体竞争力也会得到很大的提升，行业标准体系也更加健全，产业资源配套更加丰富。不管是在军用领域，还是民用领域，无人机都将迎来更加迅猛的发展。

随着无人机技术的发展，无人机应用技术相关人才奇缺，特别是无人机使用和服务终端需要大量的无人机操控人员。作为向社会输送高素质技能型人才主要窗口的职业院校，其专业教学发展显得至关重要。无人机驾驶员（俗称飞手），尤其是经过系统理论知识学习、能够熟练掌握无人机操控技术的飞手更是众多企业争相寻求的"香饽饽"。2019年4月,无人机驾驶员被人力资源和社会保障部等部门列为13个新职业工种之一。无人机应用技术通常作为某些行业的必备"工具",它的出现使得作业效率提升、作业难度降低。本书参照2019年2月国务院颁发的《国家职业教育改革实施方案》内容,结合所在学校无人机应用技术专业的建设和实际教学情况编写,希望能为无人机职业教育贡献绵薄之力。

无人机操控技术是职业院校无人机相关专业非常重要的一门基础课程。本书是飞行操控技术教材(以四旋翼操控为例),目的是帮助学生了解和掌握多旋翼无人机的操控技术。本书内容安排结构合理、入门简单、层次分明、内容充实,每个章节后有相关习题作为学习总结。课程安排从模拟飞行开始,由浅及深带领学生系统学习无人机的飞行操控,不仅让学生掌握较为实用的飞行技术,更能通过飞行技巧的讲解让学生在步入社会后,面对复杂的飞行环境有足够的应变能力,做到学以致用。

本书由秦昶和黄勤担任主编,由周延和游永彬担任副主编。几位老师在无人机应用技术方面都有深厚的造诣和丰富的操控经验。

鉴于作者水平有限,无人机技术发展日新月异,书中难免有不妥之处,恳请读者、同仁予以指正。

编　者

2021年3月

目录

第 一 章 模拟器安装与使用

第一节　模拟器介绍和安装

飞行练习是个循序渐进的过程。所有飞手的基础飞行训练以及后期的特技飞行技巧训练,都要通过模拟器练习来辅助完成。让我们先从模拟器开始寻找操控无人机飞行的"手感"。

本书配套的模拟器非常适合新手使用,内置上百种无人机机型,涵盖了各种直升机、多旋翼、固定翼,只需使用一个简易的遥控器连接,就可以在计算机上练习操作任意一款无人机。

遥控器与计算机之间的接口是标准 USB 接口,设备支持 PhoenixRC 2.0/2.5/3.0/4.0/5.0 飞行模拟软件。

一、飞行模拟器训练的优点

(1) 模拟器软件采用了游戏化的操作界面,可以更改练习机型、场地、天气条件等,全面逼真地模拟了真实环境,操作更接近现实,且非常容易上手。

(2) 可长时间随时随地练习。无人机电池容量有限,而入门阶段的初学者需要长时间的训练,模拟器练习时没有电量限制,可满足初学者长时间入门训练要求。

(3) 通过在模拟器上的练习,能快速提高初学者的手感和反应能力,自由练习各种飞行技巧。对无人机操控新手来说,炸机不可避免。新手入门从模拟器开始,在达到一定熟练度后再去操作真机,避免了因为操控水平不达标造成不必要的损失。

二、模拟器软件安装与调试

(1) 将安装光盘取出,打开计算机放入光驱中,打开 PhoenixRC 文件夹开始安装,如图 1.1 所示。

图 1.1　准备安装

（2）如图 1.2 所示，在安装语言中选择简体中文。

图 1.2　安装设置——选择软件语言

（3）如图 1.3 所示，输入用户名。

（4）如图 1.4 所示，选择完全安装。

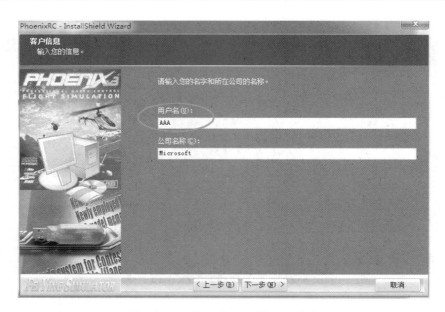

图 1.3　安装设置——输入用户名

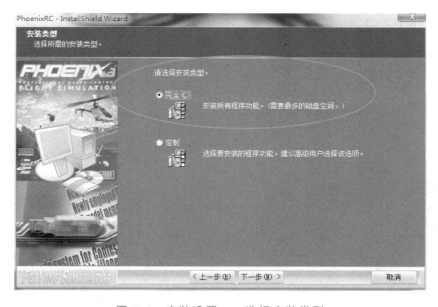

图 1.4　安装设置——选择安装类型

（5）如图 1.5 所示，等待安装完成。

（6）打开软件后再双击控制台。若使用中程序提示"检测不到您的模拟器"，则打开桌面右下角的控制台标志，选择 Phonenix RC 即可。

图 1.5　安装状态

第二节　遥控发射器介绍

目前市面上主流的无人机,无论是多旋翼、直升机,还是固定翼,在操纵的时候都是通过遥控发射器和地面站软件进行控制。通过练习模拟器,可以熟练掌握遥控发射器(以下简称遥控器)的使用方法。

一、遥控器基本说明

(1)四个基本通道:油门、方向舵、升降舵、副翼是遥控器操控无人机飞行器必备的基本通道,如图 1.6 所示。通过操纵遥控器的通道摇杆来实现无人机各飞行姿态的转变。

(2)中立微调键:设置各个基本通道中立位置,每个基本通道对应一组中立微调键。开始中立微调设定时,必须先将操纵杆调至中立位置(一般情况下,中立微调键放置中立位置,无须调动)。

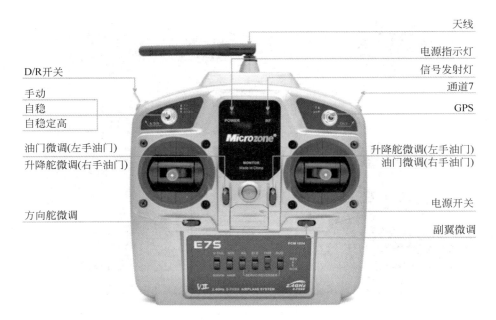

天线
电源指示灯
信号发射灯
通道7
GPS

D/R开关
手动
自稳
自稳定高

升降舵微调(左手油门)
油门微调(右手油门)

油门微调(左手油门)
升降舵微调(右手油门)

方向舵微调

电源开关
副翼微调

图 1.6　遥控器通道介绍

（3）其他通道：控制无人机进行飞行状态、任务载荷调整。一般为 2 挡或 3 挡的拨杆开关或滑动、旋钮开关。

二、遥控器操纵方式

根据飞手的操作习惯不同,遥控器大概可分为三种操纵方式：美国手、日本手和中国手。

1. 美国手和日本手遥控器的区别

如图 1.7 所示,美国手左边操纵杆控制无人机的油门和方向舵,右边操纵杆控制无人机的升降舵和副翼。

日本手左边操纵杆控制无人机的升降舵和方向舵,右边操纵杆控制无人机的油门和副翼,图 1.7 为日本手和美国手遥控器各通道示意图。

2. 中国手遥控器

中国手与美国手相反,左边操纵杆控制升降舵和副翼,右边操纵杆控制

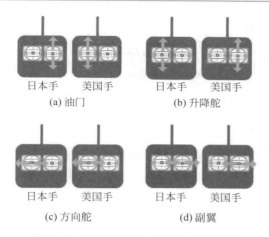

日本手	美国手	日本手	美国手
(a) 油门		(b) 升降舵	
日本手	美国手	日本手	美国手
(c) 方向舵		(d) 副翼	

图 1.7 不同操作方式下的通道位置

油门和方向舵,使用者较少。

第三节 模拟器使用介绍

一、运行模拟器

(1)双击桌面模拟器图标,进入软件,如图1.8所示,如有更新提示,请单击"否"按钮。

图 1.8 进入软件

（2）如图 1.9 所示，单击右上角的 Start Phoneix R/C 按钮。

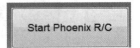

图 1.9　开始按钮

（3）如图 1.10 所示，单击关闭按钮关闭当前弹出页面，即显示模拟器主界面。

图 1.10　关闭按钮及主界面

模拟器在第一次安装时会自动进入调试页面，调试步骤与下面的系统设置内容一致，请参考下列调试步骤。

二、模拟器调试

（1）如图 1.11 所示，单击"系统设置"，选择"配置新遥控器"。

（2）按照引导一直单击"下一步"，直到出现图 1.12 所示界面。

（3）如图 1.13 所示，将所有摇杆置于中立位置（可参考屏幕动画）。

（4）如图 1.14 所示，移动所有摇杆到最大位置。

图 1.11 遥控器设置

图 1.12 进入下一步

图 1.13　设置摇杆中立位置

图 1.14　移动摇杆

（5）如图 1.15 所示，按照动画提示，由下往上推动油门摇杆，设置引擎控制。

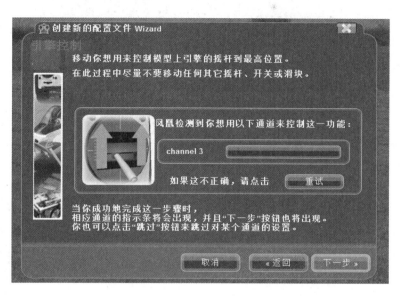

图 1.15 设置引擎控制

（6）如图 1.16 所示，同样推动油门摇杆，设置桨距控制。

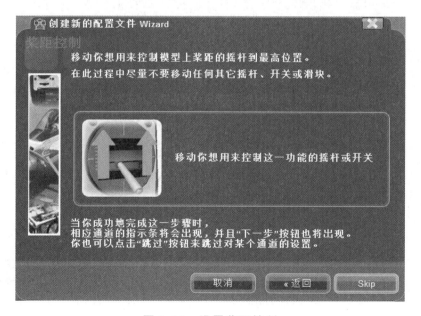

图 1.16 设置桨距控制

（7）如图 1.17 所示，推动方向摇杆设置方向舵控制。

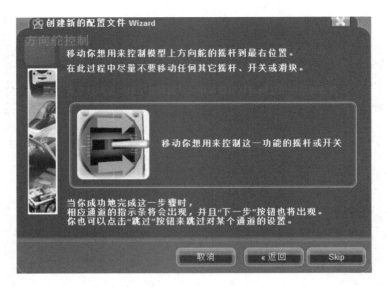

图 1.17　设置方向舵控制

（8）如图 1.18 所示，推动升降舵摇杆设置升降舵控制。

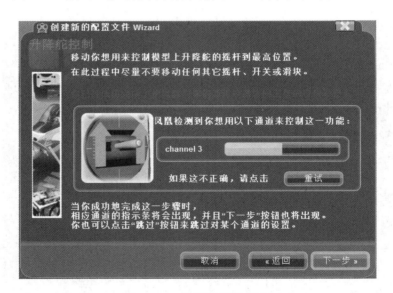

图 1.18　设置升降舵控制

（9）如图 1.19 所示，推动副翼摇杆设置副翼舵控制。

接下来的起落架、襟翼等可根据个人需求设置，设置方法和之前的设置方式类似。设置结束，单击"完成"按钮即可开始使用自己配置的遥控器。

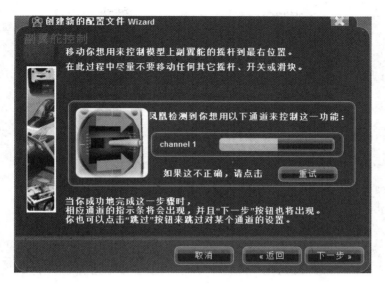

图 1.19 设置副翼舵控制

三、其他功能

1. 更换模型

如图 1.20 和图 1.21 所示,更换不同模型,可在"选择模型"下的"更换模型"选项中选择要更换的模型。固定翼、滑翔机、直升机、多旋翼等不同机型均可选择使用。

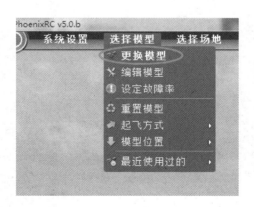

图 1.20 选择"更换模型"

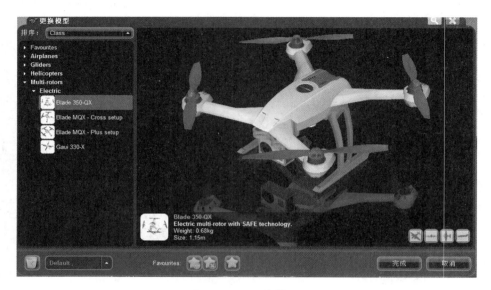

图 1.21　更换模型

2. 选择场地

如图 1.22 和图 1.23 所示,更换不同的飞行场地,可在"选择场地"下的"更换场地"选项中选择不同场地进行使用。

图 1.22　选择"更换场地"

图 1.23 更换场地示意图

3. 场地天气、布局

如图 1.24 所示，可以根据需求设置场地的布局和天气。

图 1.24 设置场地的布局和天气

4. 查看信息

如图 1.25 所示，在"查看信息"下的"屏幕显示"选项卡中，有很多显示在屏幕上辅助飞行的数字化仪器、工具可选择使用，比如飞行姿态。飞行姿态可以帮助初学者在无人机飞远无法确认机头方向和机身姿态时辅助确认机头方向和机身姿态,以及时进行调节和操控。

图 1.25　选择"查看信息"

5. 飞行记录

如图 1.26 所示,在飞行中可选择"打开记录器",记录一段特别的飞行。

图 1.26　选择"飞行记录"

6. 训练模式、比赛模式

如图 1.27 所示,初学者模拟器练习可通过训练模式对单个通道操控来进行单一练习或者两个通道组合练习。当操控到一定熟练度后可尝试模拟器中的比赛模式,比赛模式中的项目都是可以提高操控熟练度的游戏。

图1.27　找到"训练模式、比赛模式"位置

第四节　模拟器常见问题及解决办法

在使用模拟器时会碰到一些影响正常操作的问题。这里列举除硬件出现损坏外的几种常见问题,便于同学们自行解决,避免影响正常的训练。

一、遥控器显示未连接

如图1.28所示,表示遥控器显示未连接。

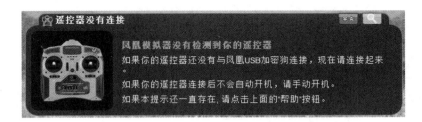

图1.28　遥控器显示未连接

遥控器显示未连接的解决办法如下。

(1)检查遥控器。

检查遥控器是否通电,遥控器开关是否打开,如遥控器上部两个指示灯亮起,则遥控器无问题。

（2）检查连接线是否损坏。

用一根完好的连接线来替换，可以确定问题出处。

注意：每次使用中或者使用后请将遥控器站立放置或者拔下连接线。在插入连接线时，平面仰放容易造成连接线内部线路虚接或断裂。

二、缺少 DirectX90c 插件

如图 1.29 所示，说明缺少 DirectX90c 插件。

图 1.29　缺少 DirectX90c 插件

缺少 DirectX90c 插件的解决办法如下。

（1）打开安装程序，找到"安装 DirectX90c"，单击后依次进行安装，然后重启模拟器。

（2）到根目录打开 DirectX90c 文件夹（图 1.30），找到如图 1.31 所示插件，双击安装，再重启模拟器。

图 1.30　找到" DirectX90c"位置

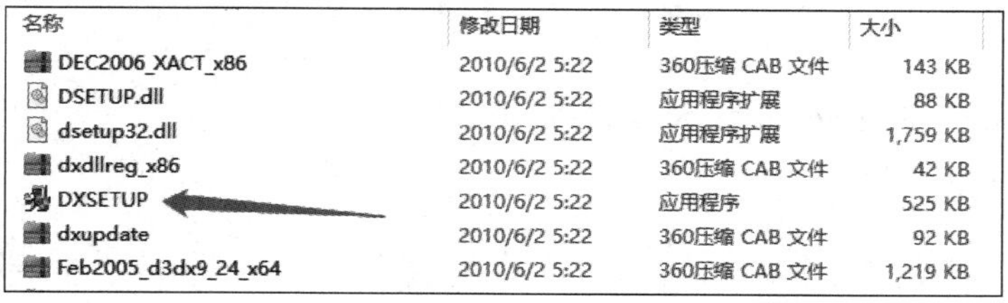

名称	修改日期	类型	大小
DEC2006_XACT_x86	2010/6/2 5:22	360压缩 CAB 文件	143 KB
DSETUP.dll	2010/6/2 5:22	应用程序扩展	88 KB
dsetup32.dll	2010/6/2 5:22	应用程序扩展	1,759 KB
dxdllreg_x86	2010/6/2 5:22	360压缩 CAB 文件	42 KB
DXSETUP	2010/6/2 5:22	应用程序	525 KB
dxupdate	2010/6/2 5:22	360压缩 CAB 文件	92 KB
Feb2005_d3dx9_24_x64	2010/6/2 5:22	360压缩 CAB 文件	1,219 KB

图 1.31　缺少 X3DAudio1_7.dll 插件

如图 1.32 所示,显示系统错误。

图 1.32　显示系统错误

系统错误的解决办法如下。

搜索 X3DAudio1_7.dll→找到对应驱动下载网址→下载安装→重启模拟器。

三、显卡问题

若显卡没有安装驱动,屏幕会提示一串英文字母的系统错误。其解决办法如下。

下载安装"驱动精灵"或"驱动人生",驱动计算机检测显卡驱动→更新显卡驱动→重启计算机→重启模拟器。

四、程序错误

如图 1.33 所示,显示 phoenixRC.exe 已停止工作,程序错误。

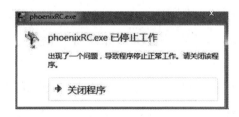

图 1.33　显示停止工作

显示程序错误的解决办法如下。

请检查软件的安装路径中是否有中文。检查方法:右击桌面上本软件的快捷方式,选择"属性"。"属性"面板中的"起始位置"一栏即安装路径,本软件的安装路径必须为英文。若安装路径有中文请在卸载本软件后选择新路径重新安装。

注意:如果不想把软件安装在 C 盘,比如想安装在 D 盘,只需将路径里的第一个字母 C 改成 D 即可。

五、如何使用驾驶舱视角

(1) 选择场地,选择一个 3D 场景图。

(2) 如图 1.34 所示,在"查看信息"中选择"摄像机视角",设置成驾驶舱角度。自由模式、跟随等摄像机角度也可以设置体验,当想退出时,把视角调回普通模式即可。

图 1.34　选择驾驶舱视角

六、模拟器界面问题

如图 1.35 所示的模拟器界面不是中文,怎么设置成中文?

(1) 选择"系统设置"下拉菜单里的"程序设置"。

(2) "程序设置"里最后一个选项是"语言"选项。语言种类里第二个选项即为中文。选中后单击"应用"和"确定"按钮即可。

（3）设置好后重启模拟器即可应用。更多详细安装步骤可参阅相关教程资料。

图 1.35　选择软件语言

课后题

1．无人机飞行模拟器的主要作用是什么？

2．简述美国手、日本手遥控器之间的区别。

3．在调试模拟器时（美国手遥控器），对于升降舵需如何设置？

4．模拟飞行练习中想要增加难度，可以改变场景的天气，这时应到哪一项菜单里进行设置？

5．在调试模拟器时，引擎或桨距的设置是推动哪个摇杆？

第 二 章 模拟器飞行与训练

模拟器的训练模式是辅助初学者进行模拟器练习的，可自行设置单一通道控制或者多个通道控制。单一通道控制的时候，其他通道的功能无法使用，且所对应的状态自动维持平衡。下面将为大家逐一讲解各通道练习。

第一节　悬　停　练　习

　　如图 2.1 所示，悬停是指无人机在半空中停留的飞行状态。旋翼无人机的悬停练习可分为四位悬停和八位悬停。四位悬停即"对尾悬停""左侧位悬停""右侧位悬停""对头悬停"；八位悬停是在四位悬停的基础上在东、南、西、北四个方位之间旋转 45°进行悬停。

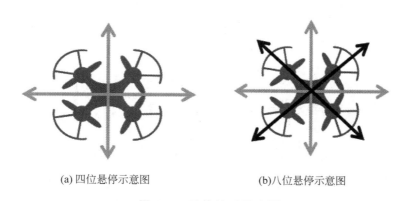

(a) 四位悬停示意图　　　　　　　(b)八位悬停示意图

图 2.1　悬停练习示意图

一、对尾悬停练习

　　对尾悬停是最基础的一种悬停姿态。机头朝前，机尾朝后，是无人机正常的姿态位置。多练对尾方向的练习，有助于打好操控基础。由于是正常的飞行姿态，所以在对尾悬停的相关练习中，除了提高操控水平和熟练度外，形成正确打舵的条件反射，以最快的反应速度打舵，不允许错舵也是这项训练的重要目的（图 2.2）。

图 2.2 模拟器中"对尾悬停练习"状态

前期所有的训练使用带有自稳系统的四旋翼练习即可,后期为了提高操控水平,建议使用较高级别的机器练习飞行,可按如下步骤找到推荐机型进行训练。

(1)前期练习:模型选择—更换模型—Multi. rotors. Electric—Blade 350. QX。

(2)后期练习:模型选择—更换模型—Helicopters—Electric—SAB Goblin 700。

二、升降舵对尾悬停

单通道训练是入门训练项目,主要训练内容是对舵位的认识、操控摇杆的手感以及机头和对侧的方位感。升降舵对尾悬停练习时,其他通道的操作无反应,只有升降舵的操作可以实现对无人机的操控。升降舵对尾悬停是最基本的飞行动作之一,在视觉上比单副翼悬停控制更容易稳定,可尽量利用单通道训练找到自己控制无人机的手感,如图 2.3 所示。

三、副翼对尾悬停

副翼对尾悬停练习时,其他通道的操作无反应,只有副翼的操作可以实现对无人机的操控。通过不同力度反复练习,慢慢提高副翼的操控手感。副翼对尾悬停也是最基本的飞行动作之一。仅副翼的操控比仅升降舵的操控在无人机的偏差判断上更加明显,因为升降的运动方向垂直于飞手视野,而

图 2.3 模拟器中"对尾悬停练习",仅升降舵状态

副翼的运动方向与飞手视野平行。对初学者来说,可能感觉副翼的操控比升降舵灵敏,这是很正常的现象(图 2.4)。

图 2.4 模拟器中"对尾悬停练习",仅副翼状态

四、双通道对尾悬停

双通道对尾悬停是升降舵和副翼配合练习的对尾悬停方式,多一个通道

控制,比单通道控制更能锻炼飞手的协调能力,如图 2.5 所示。

图 2.5　模拟器中"对尾悬停练习",升降舵＋副翼状态

五、三通道对尾悬停

三通道对尾悬停增加了方向舵的配合练习,比双通道对尾悬停操作更难。升降舵和副翼的配合悬停只控制单一垂直方向,增加了方向舵可练习任意机头朝向以及任意飞行方向的水平悬停。由于是悬停练习,没有油门的操控加入,会自动维持所训练的正常高度(图 2.6)。

图 2.6　模拟器中"对尾悬停练习",所有控制通道状态

六、四通道对尾悬停

四通道对尾悬停是四个基础通道完全操控的悬停练习。四通道对尾悬停练习的时候,尤其要多熟悉油门的控制以及油门通道和其他几个通道的配合。开始练习时油门操控可能不够精确,容易出现大舵量,这些因素对精准和稳定操控都有很大影响。

此外,还可以在"场地布局"菜单栏选项选择"F3C方框"布局,F3C方框和圆形辅助降落区域都可以辅助我们练习在小范围内的无人机操控。因为是对尾悬停,方向舵基本用不到,油门的控制是稳定悬停的根本,推油门起飞时要慢,当即将达到预定飞行高度时要提前缓慢收油门,当无人机下坠时要提前给油门,之后适当微调,重新调整好飞行高度。

如图2.7所示,全通道训练时无人机会有一定程度的漂移现象,对其的纠正要快速,同时避免错舵。

图2.7 模拟器中"F3C方框"对尾悬停练习

第二节 对头悬停练习

对头悬停练习是对尾悬停练习的反向悬停练习。机头朝后,机尾朝前,由于是反向姿态,很考验反应能力,对基本通道的掌握和熟悉度的要求也很高,否则容易出现机身姿态控制不住,往一侧溜机的现象。刚开始对头悬停练习时建议先把姿态动作放缓,逐一熟悉单通道的反向控制,再慢慢练习多个通道的组合控制,多练习,并要能及时切换回对尾姿态的操控。

一、升降舵对头悬停

升降舵对头悬停练习和对尾悬停练习类似,只是在方向相反的前提下,练习时慢慢提高反向控制的熟悉度(图2.8)。

图2.8 模拟器中"对头悬停练习",仅升降舵状态

二、副翼对头悬停

副翼对头悬停练习和副翼对尾悬停练习类似,方向相反,难度更大(图2.9)。

三、双通道对头悬停

双通道对头悬停练习和双通道对尾悬停练习类似,方向相反,难度更大(图2.10)。

图 2.9　模拟器中"对头悬停练习",仅副翼状态

图 2.10　模拟器中"对头悬停练习",升降舵＋副翼状态

四、三通道对头悬停

三通道对头悬停练习和三通道对尾悬停练习类似,方向相反,难度更大(图 2.11)。

图 2.11 模拟器中"对头悬停练习",所有控制通道状态

五、四通道对头悬停

四通道对头悬停练习和四通道对尾悬停练习类似,只是机头朝向相反,除了油门的操作方式不变外,其他三个通道的操作也是相反的。在悬停练习中要先熟悉对头姿态,对于无人机的掌握要做好提前预判,姿态修正要更及时(图 2.12)。

图 2.12 模拟器中"F3C方框"对头悬停练习

第三节 对左悬停练习

对左悬停练习是机头朝左,机尾朝右的姿态,各通道控制既不是正方向也不是反方向,所以开始练习时一定要先进行适应,操控动作放缓,逐渐加强多个通道的配合操控。

一、升降舵对左悬停

升降舵对左悬停练习和升降舵对尾悬停练习类似,机头方向朝左,需要更多的时间练习和适应,务必养成不错舵的习惯(图 2.13)。

图 2.13 模拟器中"对左悬停练习",仅升降舵状态

二、副翼对左悬停

副翼对左悬停练习和副翼对尾悬停练习类似,机头方向朝左,难度更大,需要更多的时间练习和适应(图 2.14)。

三、双通道对左悬停

双通道对左悬停练习和双通道对尾悬停练习类似,机头方向朝左,难度

图 2.14　模拟器中"对左悬停练习"，仅副翼状态

更大，需要更多的时间来练习和适应(图 2.15)。

图 2.15　模拟器中"对左悬停练习"，升降舵＋副翼状态

四、三通道对左悬停

三通道对左悬停练习和三通道对尾悬停练习类似，机头方向朝左，难度更大，需要更多的时间来练习和适应(图 2.16)。

图 2.16 模拟器中"对左悬停练习",所有控制通道状态

五、四通道对左悬停

　　四通道对左悬停练习和四通道对尾悬停练习类似,只是机头朝向朝左,导致操控者与无人机的方位不一样,所以需要克服原有条件反射的打舵方式,对于无人机的掌握要做好提前预判,姿态修正要更及时(图 2.17)。

图 2.17 模拟器中"F3C 方框"对左悬停练习

第四节　对右悬停练习

对右悬停练习是机头朝右、机尾朝左的姿态,也是对左悬停的反向练习姿态,练习方式和对左悬停类似,开始先慢慢熟悉对右悬停的姿态和控制方式,操控摇杆的动作幅度要小,达到一定成熟度后再扩大飞行范围和操控力度。

一、升降舵对右悬停

升降舵对右悬停练习和升降舵对尾悬停练习类似,机头方向朝右,难度更大,需要更多的时间来练习和适应(图2.18)。

图 2.18　模拟器中"对右悬停练习",仅升降舵状态

二、副翼对右悬停

副翼对右悬停练习和副翼对尾悬停练习类似,机头方向朝右,难度更大,需要更多的时间来练习和适应(图2.19)。

图 2.19　模拟器中"对右悬停练习",仅副翼状态

三、双通道对右悬停

双通道对右悬停练习和双通道对尾悬停练习类似,机头方向朝右,难度更大,需要更多的时间来练习和适应(图 2.20)。

图 2.20　模拟器中"对右悬停练习",升降舵＋副翼状态

四、三通道对右悬停

三通道对右悬停练习和三通道对尾悬停练习类似,机头方向朝右,难度

更大,需要更多的时间练习和适应(图 2.21)。

图 2.21　模拟器中"对右悬停练习",所有控制通道状态

五、四通道对右悬停

四通道对右悬停练习和四通道对尾悬停练习类似,只是机头朝向右,导致操控者与无人机的方位不一样,所以需要克服原有条件反射的打舵方式,对于无人机的掌握要做好提前预判,姿态修正要更及时(图 2.22)。

图 2.22　模拟器中"F3C 方框"对右悬停练习

悬停练习是飞行中最基础的练习,同时也是非常重要的基本功,练好各个方位的悬停,能够锻炼飞手的应变能力,为后期的真机实飞练习打下坚实基础。

　　每个悬停科目的模拟练习完成后,要进行对应科目的真机实飞练习。切记,前期的真机飞行训练一定要在安全防护网内进行。

 课后题

1. 多旋翼无人机的悬停练习中四位悬停是指哪四位的悬停?

2. 向上轻推升降舵,正在悬停的四旋翼无人机会出现什么姿态?

3. 在进行悬停训练时,首先选择哪种基础姿态悬停模式最为合适?

第三章 飞行练习机 组装与调试

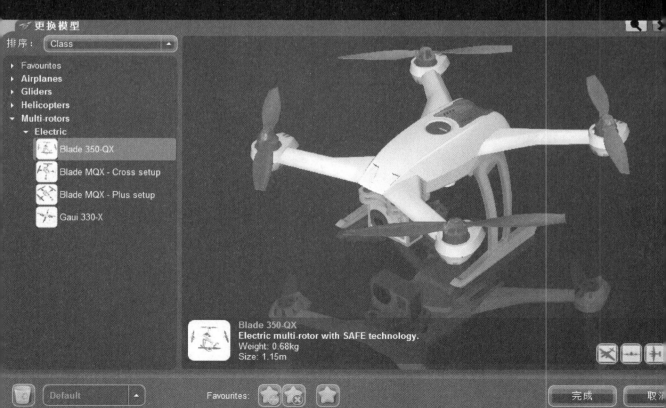

更换模型

排序： Class

▶ Favourites
Airplanes
Gliders
Helicopters
Multi-rotors
 ▼ Electric
 Blade 350-QX
 Blade MQX - Cross setup
 Blade MQX - Plus setup
 Gaui 330-X

Blade 350-QX
Electric multi-rotor with SAFE technology.
Weight: 0.68kg
Size: 1.15m

Default

Favourites:

完成 取消

无人机的飞行训练要经过两步：①模拟器飞行训练；②练习机实飞训练。

飞行练习之前，先来组装一架飞行练习机 YM-G300。YM-G300 整体结构经过专业的受力分析，机架采用玻纤维材质，轻便、坚固，能够承受高强度飞行练习使用。其轴距为 300mm，采用正 X 形结构布局。

第一节 组 装

一、组装步骤

组装 YM-G300 飞行练习机的步骤如下。

（1）脚架、下底板、35mm 铝柱连接。

（2）全部安装好。

（3）安装电池仓挡板。

（4）使用螺丝胶将垫片固定在图 3.1 所示位置。

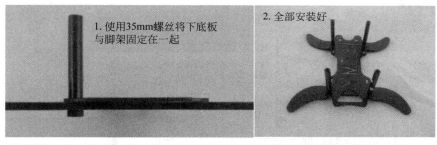

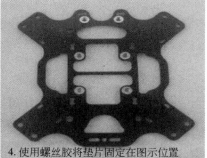

图 3.1 组装第 1～4 步

（5）安装上板。

（6）装入机臂。

（7）安装夹片。

（8）铝柱固定，如图 3.2 所示。

5.安装上板　　6.装入机臂

7.安装夹片　　8.铝柱固定

图 3.2　组装第 5～8 步

（9）焊接好的分电板固定在图 3.3 所示位置，贴入防震垫。

（10）焊接好电机香蕉头。

（11）焊接好电调香蕉头

（12）安装电机、电调，注意图 3.3 所示电机帽颜色。

（13）电调和电机连线，尤其注意按图示方式找到机头方向，并记住电机序号。

（14）飞控固定在上顶板正中间。

（15）电调接入飞控，具体方式见图 3.4"注意"。

（16）接线过程中注意布线。

（17）飞控线按顺序编号。

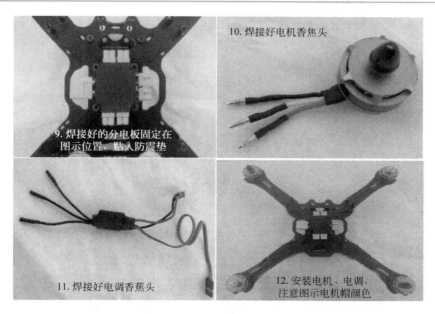

图 3.3　组装第 9～12 步

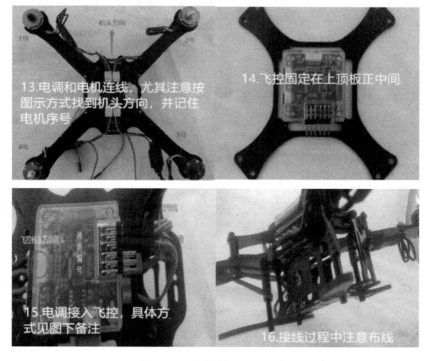

图 3.4　组装第 13～16 步

第 15 步备注：预设中心板，连接电调杜邦线与飞控。

注意：飞控箭头指示方向一定要面向机头方向。飞控插针一侧有阿拉伯数字 1～6 的编号，编号对应电调编号，接入时 1 号电调杜邦线接飞控 1 通道插针,橙色、白色、黄色等颜色较鲜艳的线为信号线,接在顶端信号端,中间插针为电源"＋"极,底侧插针为电源"－"极。2 号、3 号、4 号以此类推。

（18）按照编号的顺序，飞控线依次接入接收机 CH1～CH6。

（19）飞控线按顺序编号。

（20）装好接收机，接收天线固定在机臂下方，如图 3.5 所示。

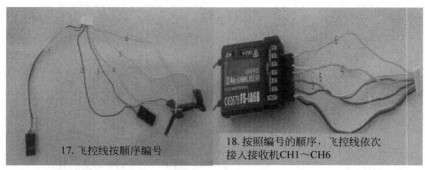

图 3.5　组装第 17～20 步

第 18 步注释：接收机一侧有编号 CH1～CH6，每组编号都有对应的三列插针，靠近编号的一列为信号线，中间一列为正极，最底一列为负极。根据这一布局，飞控线按照 1～6 对应编号接入接收机。

（21）连接好所有的线路之后，在脚架处粘贴海绵脚垫，在起飞和降落时起到缓冲作用，如图 3.6 所示。

二、遥控器设置

1. 对频

将对频线插在接收机的 B/VCC 通道上，将 PMU（分电板）的输出线与接收机 CH1 连接（注：通电前确保焊接线路无短路）。然后，插上动力电池，接收机会红灯长闪，再长按遥控器的对频按键打开遥控器，当屏幕上出现 OK 字样时

21.连接好所有的线路之后，在脚架处粘贴海绵
脚垫，在起飞和降落时起到缓冲作用

图 3.6　组装第 21 步

就可以拔掉对频线(打开遥控器前应把各开关拨到最上方,油门杆拉到最底)。

后期使用遥控器过程中,如果打开遥控器出现"滴滴"的报警音,则可把所有拨挡开关拨到最上方,油门拉到最底。

2. 遥控器菜单设置

长按遥控器 OK 键进入菜单选择,按 DOWN 键,选择 Functions setup,按 OK 键进入。UP 键与 DOWN 键控制箭头上、下选择。

(1) CH5 通道反向:选择 Reverse 选项,然后按 OK 键进入,再按 OK 键选择 CH5 通道,将 CH5 通道调到 Rev 模式,长按 CANCEL 键保存并退出。

(2) CH5 通道比例开关和输出比例设置(用于飞行模式切换 GPS/姿态/手动):选择 Aux channels 选项,然后按 OK 键进入,再按 OK 键选择 CH5 通道,UP 键与 DOWN 键控制箭头上、下选择 SWC 作为 CH5 通道开关,长按 CANCEL 键保存并退出。

选择 End points 选项,然后按 OK 键进入,再按 OK 键选择 CH5 通道,将百分数改成 72%和 66%,长按 CANCEL 键保存并退出。

选择 Subtrim 选项,然后按 OK 键进入,再按 OK 键选择 CH5 通道,长按 DOWN 键,使中立点向左偏移 10 小格,长按 CANCEL 键保存并退出,遥控器设置完毕。

第二节 飞控调试

飞控调试(简称调参)是一项非常重要的工作,在调参中我们能了解无人机部分的控制原理。调参的成功与否直接决定无人机能否正常飞行,所以,在调参时一定要严格按照软件自带的向导完成程序调试及烧写。飞控调参是一项考验调参者耐心的工作,在调参过程中调参者会遇到很多问题,都需要他们耐心解决。下面我们以飞行练习机为例,进入调参学习。

一、飞控参数调试

(1) 调参前的准备。

需要准备计算机、无人机(放在水平的地方)、数据线、动力电池(图3.7)。

注意:调试前将连接线一端与四旋翼无人机连接,连接线 USB 一端不要与计算机连接;无人机不要接通电源。在调试过程中仔细阅读安装向导,需要连接线路时向导会提示。

图 3.7 连接

(2) 单击桌面的地面站图标[图3.8(a)],进入调试软件后单击界面右上角绿色图标,如图3.8(b)所示。

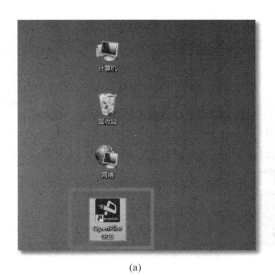

(a)   (b)

图3.8 打开软件进入调参程序

（3）进入程序后注意看红框内红色字体"警告"，提示我们现在进行的调试一定要保证是没有安装螺旋桨。然后单击"下一步"按钮（图3.9）。

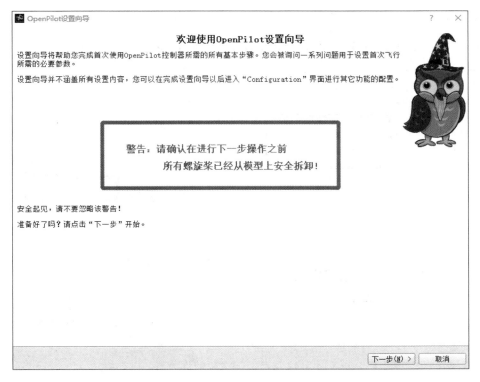

图3.9 注意向导提示

（4）过程操作注意事项。

① 操作前保证数据线与飞控连接，数据线另一端不与计算机连接。

② 无人机电池保持断电状态。

具体操作步骤：先单击 Upgrade，然后在下方缓冲条缓冲结束前将连接线插入计算机 USB 接口（图 3.10），提示更新完成后单击"下一步"按钮。

图 3.10　连接步骤

（5）注意向导提示文字，确定设备连接类型和设备型号一致（右下角显示为"断开设备"），单击"下一步"按钮（图 3.11）。如果显示"未知设备"请检查连接线是否连接好，单击"连接设备"，正常显示后，单击"下一步"按钮（图 3.12）。

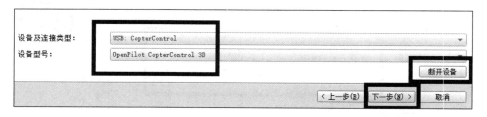

图 3.11　设备连接

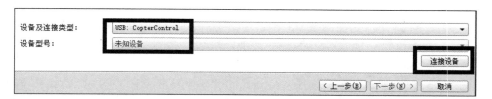

图 3.12　未正常连接处理方式

（6）选择 PWM 单击"下一步"按钮（图 3.13）。

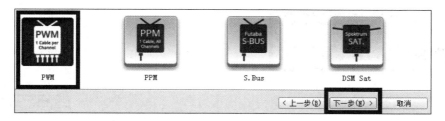

图 3.13　选择"PWM"

（7）选择"多旋翼无人机"，单击"下一步"按钮（图 3.14）。

图 3.14　无人机类型选择

（8）在下拉菜单中选择"X 型四旋翼"（图 3.15）。

图 3.15　多旋翼无人机类型选择

（9）选择"高速电调"，单击"下一步"按钮（图 3.16）。

图 3.16　电调类型选择

（10）确定无人机设置概要，确认无误后单击"下一步"按钮（图 3.17）。

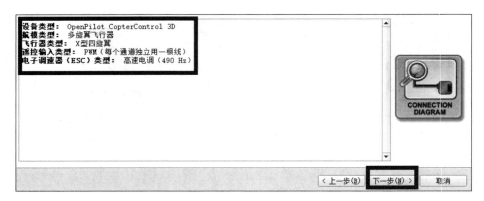

图 3.17　无人机设置概要

（11）确认无人机处于水平的地方，便于传感器校准，确定水平后单击 Calulate（图 3.18），提示完成之后单击"下一步"按钮。

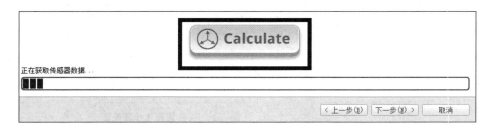

图 3.18　传感器校准

（12）仔细阅读向导提示文字，严格按照提示进行操作（图 3.19），勾选中间部分内容。调试结束后单击"下一步"按钮（图 3.20）。

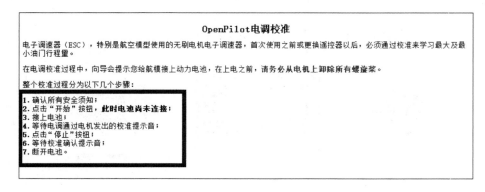

图 3.19　操作流程

图 3.20 电调校准

（13）进行"电机输出校准"，注意向导再次提示将所有螺旋桨在电机上移除，同时提示"插上动力电池"（图 3.21）。

图 3.21 电机输出校准注意事项

如图 3.22 所示已经给无人机的电机编号，其中 1、2 号为机头方向，根据图 3.22 给自己的无人机电机对应编号。

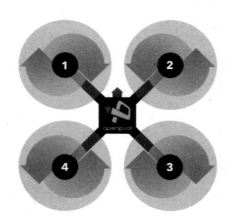

图 3.22 电机编号方式

（14）1 号电机输出校准要注意以下几点。

① 单击"开始"后向右拖动按钮,直至 1 号电机转动再单击"关闭"按钮。重新单击"开始"按钮,查看无人机 1 号电机是否旋转,这一步最重要的是需要调节出最小的输出值,但是一定要保证单击"开始"按钮,电机就会正常旋转（图 3.23）。

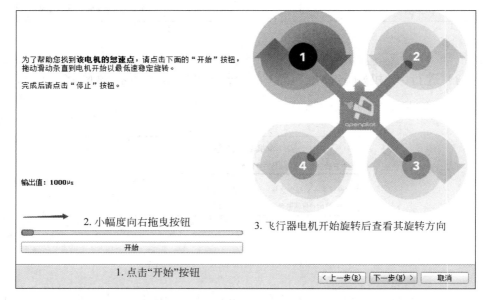

图 3.23 1 号电机调试方式

② 电机转动时,用手指或其他方法观察四旋翼无人机的 1 号电机轴是否按照向导提示图所提示的顺时针旋转。

③ 如果电机轴不是按照向导提示顺时针转动,应停止电机转动,任意拔下电机的两根线进行对换位置重插,则会改变电机轴的转向。

（15）用同样方式调试 2～4 号电机（图 3.24）。

（16）系统默认"维持现有参数"（图 3.25）。

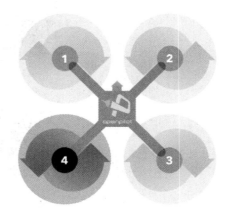

图 3.24 电机输出调试结束

图 3.25　预设稳态飞行参数

（17）单击 Save 保存设置，结束后按照提示单击"下一步"按钮（图 3.26）。

图 3.26　保存设置

（18）单击图 3.27 所示中间绿色方块，然后"完成"按钮，进入遥控器设置。

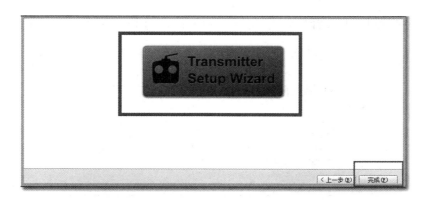

图 3.27　进入遥控器设置

二、遥控器调试

（1）选取界面左侧第三个遥控图标，单击"下一步"按钮（图 3.28）。

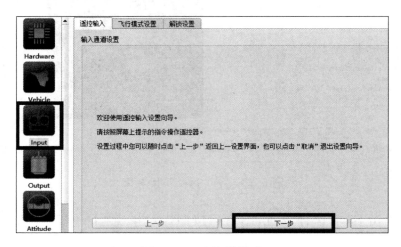

图 3.28　遥控器调试

（2）在"请选择遥控类型："中选择第一个选项"Acro：固定翼和多旋翼飞行器"（图 3.29）。

图 3.29　遥控类型选择

（3）遥控器模式选择"模式 2：左手控制油门和方向舵，右手控制升降舵和副翼"，模式 2 就是常说的"美国手"（图 3.30）。

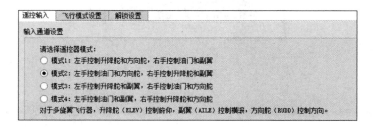

图 3.30　遥控器模式选择

（4）拿出遥控器，打开开关，跟着向导动画中拨杆的动作，操纵自己的遥控器做出同样的动作（图 3.30）。右上角的拨挡开关选择遥控器的 SWC。

提示：提示拨动遥控器上方三个按钮时，均在计算机上单击"下一步/跳过"按钮（图 3.31）。

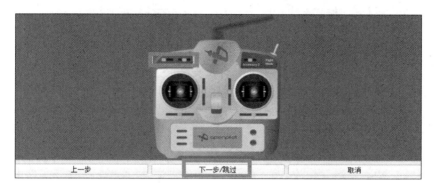

图 3.31　跳过设置

（5）将遥控器各个操纵杆拨到中间位置，确定后单击"下一步"按钮（图 3.32）。

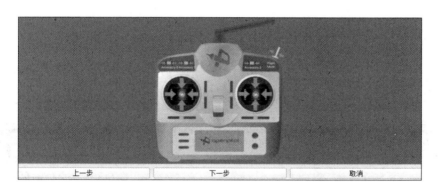

图 3.32　摇杆居中

（6）将遥控器各个操纵杆拨到最大限度（沿轮毂画圈），单击"下一步"按钮（图 3.33）。

（7）依次按照顺序拨动各通道摇杆，比较计算机动画中的摇杆动作是否与自己操纵的摇杆动作一致；如果动作相反，请在遥控器上进行设置，但不要在计算机上进行操作（图 3.34）。

遥控器设置通道正反步骤：长按 OK 键→通过 DOWN 键选择 Functions setup 选项，然后按 OK 键→通过 OK 键进入 Reverse→通过按 OK 键选取对

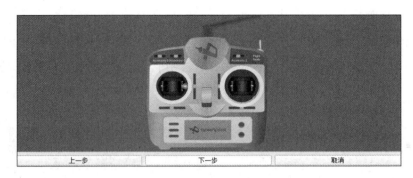

图 3.33　摇杆最大限度设置

图 3.34　通道验证

应通道→使用 DOWN 键调节通道正反,长按 CANCEL 键保存。

（8）遥控器校准结束,轻拨遥控器控制杆或控制钮,观察与下方动画操作是否完全一致(图 3.35)。确认无误后,单击"下一步"按钮。

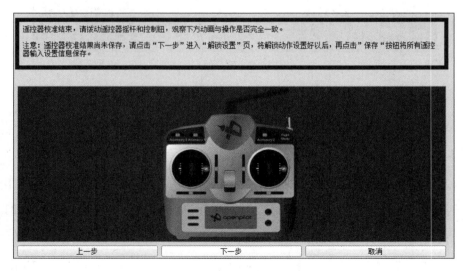

图 3.35　设置检验

（9）飞控上锁是无人机的一种保护系统，防止误碰遥控器摇杆导致电机旋转造成安全隐患，所以，要选择一种解锁模式在正常工作前对飞控解锁（一般选择第 7 和第 8 选项，采用油门关闭加副翼打到左下角或右下角解锁）。在下拉菜单中选择任意一种"解锁模式"，间隔时间调为 5s 或 10s 即可。完成之后单击"保存"按钮退出程序（图 3.36）。

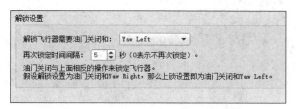

图 3.36　解锁设置

第三节　试　飞

一、安装螺旋桨

飞行练习机的螺旋桨分为两种颜色，选取比较鲜艳的颜色作为机尾处螺旋桨，便于飞行时区分机头和机尾。

装配原则：机头左上角和右下角安装顺时针旋转的螺旋桨，其余安装逆时针旋转的螺旋桨（图 3.37）。

注意：安装后一定要使用工具牢牢固定"子弹头"（桨叶固定器）。

图 3.37　安装螺旋桨

二、安装电池扎带

在机尾处电池仓后侧安装扎带,如图 3.38 所示。

图 3.38　安装电池扎带

三、试飞操作

试飞须有教师陪同,在安全防护网内进行,如果没有安全防护网,需在开阔的地方试飞,并确保场地内无闲杂人员。试飞员要严格按照飞行要求进行试飞,操作步骤如下。

(1)检查无人机螺旋桨安装是否牢固。

(2)打开遥控器电源—接通无人机电源—相关人员撤到安全距离外(5m左右)。

(3)飞控解锁,轻推油门观察无人机,直至无人机顺利飞离地面则可继续在小范围内飞行。

(4)试飞中如出现意外,一定要在第一时间降落无人机。

(5)确保所有人员安全、规范操作。

 课后题

1. 为什么一般会选取颜色鲜艳的螺旋桨安装在机尾处？

2. 相邻的两个螺旋桨旋转方向是否相同？

第 四 章　安全飞行教育

无人机是一种特殊的航空器,有些飞行任务的操作要求比较高,需要飞手有极快的反应能力。在飞行任务期间,飞手、航空器和设备往往在户外工作时间较长,给机组人员的生活和工作带来困难,从而使完成任务的难度加大,因此,要求从事无人机作业的各个无人机企业和人员在执行任务时,应当严密组织、周密安排、细心实施、保证安全。具体应做到以下三点。

　　(1)必须贯彻"安全第一,改善工作,飞行正常"的方针。飞行安全无小事,保证飞行安全是完成任务的重中之重。要做到机器设备细致检查,确定无安全飞行隐患,飞行作业提前"踩点",设定合理的飞行方案及应急方案。

　　(2)使用无人机的单位领导要起安全教育带头作用。领导要加强对航空飞行作业的安全教育,实行科学管理。积极学习安全常识及相关法律法规,要经常深入作业一线检查或调研,及时了解和解决机组人员在安全生产、作业质量、思想意识和生活管理等方面出现的情况与问题,提出具体改正措施,不断加强对专业飞行的组织管理。

　　(3)机组人员认真遵守各项规章制度和国家的有关法律法规,认真落实各项安全措施,服从当地政府的领导,与使用单位密切配合。在执行任务过程中要沉稳果断,主动请示汇报;在处理问题时既要坚持原则、按章办事,又要从实际出发,合理解决生产和生活中的实际问题。

　　为了使无人机在操作飞行的过程中安全、高效、稳定地飞行,要在细节进行把控,做到各项指标参数处于正常值或正常值以上方可起飞。日常飞行和维护中要做到"飞行前检查""飞行中紧密关注""降落后安全检查""电池日常维护"等工作。

　　为了提高飞手的安全警觉性,在实飞前要学习无人机的安全规范操作。在日常飞行中,飞手可自行建立安全小组,小组内分工明确,养成一个良好的操作习惯,待到日后进入工作岗位后能够迅速融入工作(图4.1所示为不规范操作导致的无人机自燃)。

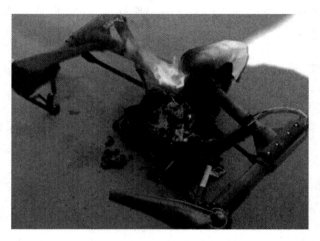

图 4.1　无人机自燃

第一节　飞行前安全操作与检查

飞行前调试流程必须做到位,不得忽略调试流程的任何一个细节,在操作无人机飞行前应对无人机的各个部件做相应的检查,无人机的任何一个小问题都有可能导致在飞行过程中出现事故或损坏。因此,在飞行前应该做充足的检查,防止意外发生。

一、上电前检查

(1) 检查周围起飞环境是否处于禁飞区、是否有电磁干扰等,确保飞行区域没有明显障碍物干扰飞行和遮挡信号。确保无人机有足够的空间起飞,且和在场人员保持安全距离。

(2) 检查机身结构是否完整,各部件连接是否正常。

(3) 检查机头朝向是否和起飞后所需飞行的方向一致,特殊情况可略有偏差。

(4) 检查磁罗盘和 IMU 朝向是否正确,是否和机头朝向一致。

(5) 检查遥控器各通道开关是否归中、归零。

(6) 测试动力电池电压是否足够支撑此次飞行任务。

（7）检查螺旋桨是否完好，表面是否有污渍和裂纹等。如果螺旋桨有损坏应更换新螺旋桨，以防在飞行中无人机震动太大导致意外。检查螺旋桨旋向是否正确，安装是否紧固，用手转动螺旋桨查看其旋转是否干涩等。

（8）检查电机安装是否紧固，有无松动等现象。用手转动电机查看电机旋转是否有卡涩现象，电机线圈内部是否干净，电机轴有无明显的弯曲。

（9）检查机架是否牢固，螺丝有无松动现象。

（10）检查电池有无破损、鼓包、胀气、漏液等现象。电池安装是否正确，电池电量是否充足。

（11）检查无人机的重心位置是否正确。

（12）检查各个接头是否紧密，插头焊接部分是否有松动、虚焊、接触不良等现象（杜邦线、XT60、T 插头、香蕉头等）。

（13）检查各电线外皮是否完好，有无刮擦、脱皮等现象。

（14）检查电子设备是否安装牢固。应保证电子设备清洁、完整，并做好防护（如防水、防尘等）。

（15）如果使用地面站飞行请检查地面站屏幕触屏是否良好，各界面操作是否正常。

二、上电后检查

（1）开机顺序：先开遥控器，确定各个摇杆、拨杆在正确位置；再给无人机供电，检查各电子设备是否正常通电，检查各指示灯闪烁是否正常。

（2）电池接插方法，要注意是串联电路还是并联电路，以免出现错误，导致电池烧坏或者是飞控烧坏。

（3）检查电调指示音是否正确，LED 闪烁是否正常。

（4）检查各电子设备有无异常情况（如异常震动、异常声音、异常发热等）。

（5）解锁，轻推油门，检查电机转动是否顺畅，有无异响；同时检查螺旋桨是否牢固。

（6）检查完成以后还要查看飞行当天的天气情况和风速，以便在无人机作业时能适应天气,顺利飞行。

(7) 起飞前必须确定 GPS 卫星数量达到指定数量以上,确定周边情况安全后方可起飞作业。

(8) 飞行的遥控距离为无人机左、右两侧 6～7 m,避免站在无人机机尾的正后方。

(9) 测试飞行,在预设航线的试飞中观察是否需要对规划好的航线进行修改。

(10) 试飞过程中务必提前观察无人机运行灯的状态,以及地面站所显示的 GPS 卫星数量、罗盘状态,及时做出预判。如图 4.2 所示为试飞前检查。

图 4.2   试飞前检查

第二节   飞行过程安全操作

飞行过程中飞手应注意以下安全操作事项。

(1) 飞手必须时刻关注无人机的姿态、飞行时间、无人机位置等重要信息(图 4.3)。

(2) 远距离飞行时,要求安全员通过对讲机实时汇报无人机的状态。

(3) 演示作业中如有客户或围观群众,必须要求他们距离无人机 10～

图 4.3 飞手姿态

15m,且不得靠近无人机。

（4）必须确保无机人有足够的电量保证安全返航。

（5）若进行超视距飞行,必须密切监视地面站中显示的无人机姿态、高度、速度、电池电压、GPS 卫星数量、罗盘状态等重要信息。

（6）起飞后必须一直关注无人机的飞行状态,实时掌握无人机的飞行数据,确保飞行时各项数据指标完好。

（7）密切关注图传传回的数据及画面,注意飞行环境,不做危险飞行动作。

（8）若无人机发生较大故障不可避免坠机时,必须首先确保人员安全。

第三节　降落后安全操作与检查

一、飞行降落后的安全操作

（1）每次无人机降落前都要先确认降落场地周围环境是否有影响,降落场地是否符合正常降落要求。

（2）必须确保遥控器已加锁,然后给动力系统及其他电子设备断电,油门通道归零后再给遥控器断电。

（3）检查电机、电池温度是否异常发烫。

（4）检查机身各结构件是否紧固无松动。

（5）检查机身各部件是否有损伤和损耗。

（6）及时更换电池，为下一次飞行做好准备。

二、电池维护注意事项

（1）锂电池长期不使用时应将电池进行放电处理。

（2）锂电池的满电电压不能超过 4.2V，过度充电可能导致电池鼓包甚至发生爆炸。

（3）锂电池充电时的充电电流不能太大，不应超过电池规定的充电电流。

三、无人机维护注意事项

（1）每隔固定时间（如两周）对无人机进行一次维修保养。

（2）无人机维修保养期间，为了保证无人机的飞行质量和飞行安全，必须及时更换无人机易损零件，提高无人机寿命。

（3）植保飞行任务完成后，必须立即清理无人机表面以及桨叶表面的残留物和灰尘，防止无人机各金属连接处被农药腐蚀老化，影响无人机的飞行安全，同时，必须及时用清水清理药箱和喷头，防止农药残留腐蚀药箱和喷头。

四、特别注意事项

（1）调试无人机时，必须确保螺旋桨未安装在电机上（禁止在安装电机时进行无人机调试操作，否则可能发生意外事故）。

（2）严禁近身起飞，无人机起飞必须保持彼此距离 5m 以上。

（3）严禁地面突然急推油门起飞，避免无人机姿态出错不可控地撞向人群。

（4）严禁非测试飞手外其他人员擅动遥控器,避免误操作导致的意外发生。

（5）严禁任何情况下手接降落无人机。

（6）严禁无人机降落后,桨未停转或未自锁拿起无人机,务必保证无人机自锁后再行移动。

 课后题

1. 无人机日常飞行和维护中,要做到哪几步?

2. 简述无人机在飞行前应该检查的主要项目。

3. 无人机发生较大故障不可避免,首先应采取措施的原则是什么?

4. 简述锂电池使用以及维护的注意事项。

5. 无人机在飞行降落后应进行哪几步工作?

第 五 章　无人机基础操作练习

悬停训练

设置
所有控制通道

方向
后面

经过系统的模拟训练,我们已经初步掌握无人机的飞行操控方法,接下来需要在安全防护网内操控真正的无人机。我们使用组装课完成的机器作为训练机练习飞行。训练机具有结构简单、体积小、速度快、动作灵活等特点,由于智能程度较低,前期需要在安全防护网内训练,达到一定水平后可进行室外飞行练习。本书介绍的所有手控飞行全部以美国手遥控器为准。

第一节　起降训练

无人机起降训练的操作步骤如下。

一、操作步骤

(1) 将无人机放置到停机坪上,机头方向与飞手视野方向相同,解锁后,匀速缓慢推动油门杆,直至无人机离开地面,无人机即将离地时,少量增加油门使无人机彻底离开地面。切忌快速改变油门舵量,上升过程中对出现的偏移进行及时修正。

(2) 将无人机起飞至 1～2m 的高度,悬停数秒,调整无人机姿态为对尾状态并悬停于预定降落点——停机坪上方,再匀速缓慢收油门杆使无人机降落。下降速度先快后慢,在接近地面时先将下降速度减至 0,必要时推少量油门杆以免无人机直接砸向地面。

(3) 无人机在下降过程中,要在油门中位线上下连续小舵量推拉油门杆,使无人机平稳落地,下降过程中对出现的偏移要及时修正。

(4) 无人机落地后即把油门杆收到最低,螺旋桨完全停转后,手方可松开油门杆。

(5) 反复练习起飞与降落,达到能控制无人机平稳起飞与降落的水平。

(6) 在无人机起降过程中,它会出现前后左右、掉高窜高、顺逆自旋的现象,总结如下修正方式(也同样适用于日常飞行)。

二、偏移修正

1. 向前偏飞

当无人机向前偏飞时,应小舵量下拉升降舵,如图 5.1(a)所示;控制无人机回到原位。修正过程中无人机姿态向后倾斜,如图 5.1(b)所示;在回位前轻推升降舵修平无人机姿态,如图 5.1(c)所示。根据此方式体会向后偏飞修正方式。

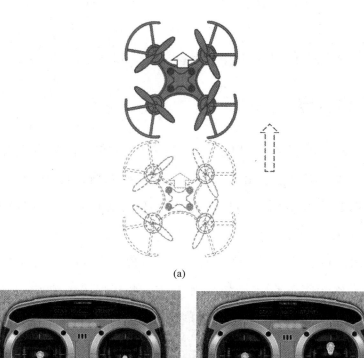

(a)

(b)   (c)

图 5.1   向前偏飞

2. 向右侧飞

如图 5.2(a)所示,当无人机向右偏飞时,应小舵量向左打副翼;如

图 5.2(b)所示,控制无人机回到原位,修正过程中无人机姿态向左倾斜;如图 5.2(c)所示在回位前轻推一次升降舵修平无人机姿态。根据此方式体会向左偏飞修正方式。

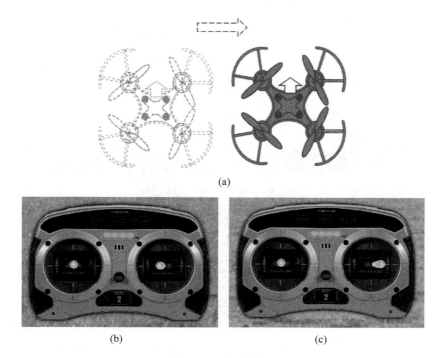

(a)

(b)　　　　　　　(c)

图 5.2　向右侧飞

3. 逆时针自旋

如图 5.3(a)所示,当无人机逆时针旋转时,应小舵量向右打方向舵;如图 5.3(b)所示,控制无人机回到原位,修正过程中无人机姿态向顺时针方向自旋;如图 5.3(c)所示,在回位前向左轻推方向舵修平无人机姿态。根据此方式体会顺时针自旋修正方式。

4. 掉高修正

如图 5.4(a)所示,当无人机发生掉高现象时,应小舵量向上轻推油门;如图 5.4(b)所示,控制无人机回到原位,修正过程中无人机姿态不断上升;如

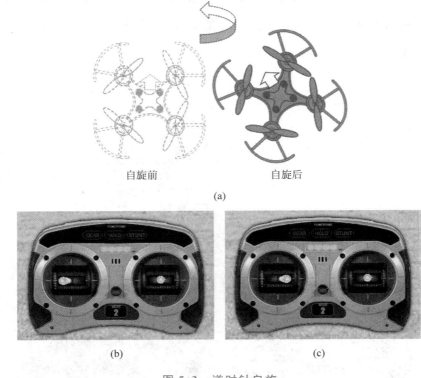

自旋前 自旋后

(a)

(b) (c)

图 5.3 逆时针自旋

图 5.4(c)所示,在回位前向下拉油门修平无人机姿态。根据此方法体会向上窜高修正方式。

5. 舵量控制

飞手操控遥控器控制无人机的飞行姿态,推杆时应注意小量多次打舵,且飞手的手指不允许离开摇杆按钮,防止出现失控等情况。

因此,操控摇杆时应注意小量多次打舵,这样无人机姿态运动的相对反应时间较长,更易于飞手进行操控,以减少财产和人员伤害。

练习题:

(1) 使用练习机练习顺时针自旋;

(2) 完成 60 次垂直起降练习,高度控制在 1.5m;

(3) 在直径 100cm 的圆内完成 5min 对尾悬停;

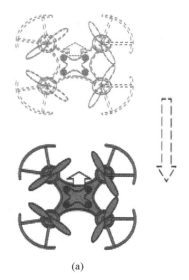

(a)

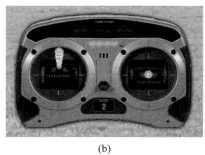

(b)

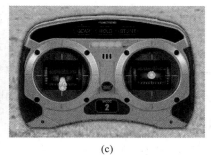

(c)

图 5.4　掉高修正

（4）用文字描述在对尾悬停中向右前方向偏飞时的修正方式，填入下面的方框内。

第二节　悬　停　训　练

　　离地后无人机可能会出现往前、后、左、右等方向的偏移现象,悬停时还会出现一定程度的上下浮动,这属于正常现象,可通过调节不同通道的舵量来稳定无人机的姿态(可参照本章第一节内容进行修正)。

　　在悬停训练中,除了操控的练习,还要提高自己的预判意识。当无人机有向前偏移的趋势时,应小量多次拉升降舵,使无人机回到原位。如果调整过程中姿态向后倾斜,则在回位前轻推升降舵将机身姿态修正。

　　当无人机有向左偏移的趋势时,应小量多次向右打副翼舵,使无人机回到原位。如果调整过程中机身姿态向右倾斜,则在回位前轻打左副翼舵将机身姿态修正。

　　当无人机有升高的趋势时,应轻微减小油门量,使无人机回到原位。如果调整过大使无人机高度低于正常悬停范围则轻推油门,使无人机回到控制悬停点。

　　当无人机有逆时针自旋的趋势时,应小量多次往右打方向舵对其进行调整,使无人机机头朝向归正,即将摆正时方向舵归中。如果调整过大则轻微向右打方向舵,使机头朝向回归原点。

一、对尾悬停

如图 5.5 所示,将无人机起飞升至 1～3m 高度,悬停在停机坪上方,操控无人机在停机坪上空前、后、左、右各 0.5m 的范围内进行对尾悬停练习,高度的上、下浮动控制在 0.5m 内。随着操作技术的熟练,可慢慢缩小无人机运动范围区间。

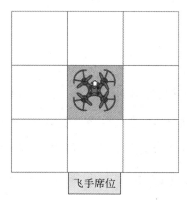

飞手席位

图 5.5　对尾悬停

二、对头悬停

如图 5.6 所示,将无人机起飞升至 1～3m 高度,连续小舵量推动方向舵摇杆,使无人机缓慢连续旋转至对头姿态,悬停在停机坪上方,操控无人

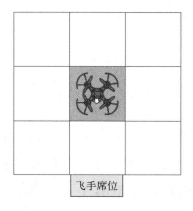

飞手席位

图 5.6　对头悬停

73

机在停机坪上空前、后、左、右各0.5m的范围内进行对头悬停练习,高度的上、下浮动控制在0.5m内。随着操作技术的熟练,可慢慢缩小无人机运动范围区间。

注意此时无人机的姿态为对头悬停,机头方向与飞手的视野方向相反,此时操作遥控器时,无人机的运动方向与遥控器的操控方向相反。例如,往前推动升降舵摇杆,无人机将向飞手飞过来。因此,在进行实飞训练前,应在模拟器训练中加强无人机各个方向的操纵练习。

三、对左悬停

如图5.7所示,将无人机起飞升至1～3m高度,连续小舵量推动方向舵摇杆,使无人机缓慢连续旋转至对左姿态,悬停在停机坪上方,操控无人机在停机坪上空前、后、左、右各0.5m的范围内进行对左悬停练习,高度的上、下浮动控制在0.5m内。随着操作技术的熟练,可慢慢缩小无人机运动范围区间。

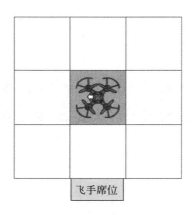

飞手席位

图5.7　对左悬停

注意此时无人机的姿态为对左悬停,机头方向与飞手的视野方向呈90°,此时操作遥控器时,无人机的运动方向与遥控器的操控方向垂直。例如,往前推动升降舵摇杆,无人机将向飞手的左方向飞去。因此,在进行实飞训练前,应在模拟器训练中加强无人机各个方向的操纵练习。

四、对右悬停

如图 5.8 所示,将无人机起飞升至 1~3m 高度,连续小舵量推动方向舵摇杆,使无人机缓慢连续旋转至对右姿态,悬停在停机坪上方,操控无人机在停机坪上空前、后、左、右各 0.5m 的范围内进行对左悬停练习,高度的上、下浮动控制在 0.5m 内。随着操作技术的熟练,可慢慢缩小无人机运动范围区间。

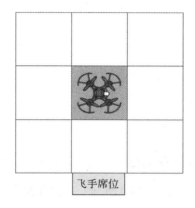

飞手席位

图 5.8　对右悬停

注意此时无人机的姿态为对右悬停,机头方向与飞手的视野方向呈 90°,此时操作遥控器时,无人机的运动方向与遥控器的操控方向垂直。例如,往前推动升降舵摇杆,无人机将向飞手的右方飞去。因此,在进行实飞训练前,应在模拟器训练中加强无人机各个方向的操纵练习。

五、斜 45°对侧悬停

熟练掌握四位悬停后,开始练习斜 45°对侧悬停。斜 45°对侧悬停可分为"对尾右斜 45°""对尾左斜 45°""对头左斜 45°"和"对头右斜 45°"四个科目。

1. 对尾右斜 45°

如图 5.9 所示,将无人机起飞升至 1~3m 高度,连续小舵量向右打方向舵摇杆,使无人机机头方向向右旋转45°,悬停在停机坪上方,操控无人机在停机坪上空前、后、左、右各0.5m的范围内进行对尾右斜45°悬停练习,高度的上、下浮动控制在0.5m内。随着操作技术的熟练,可慢慢缩小无人机运动范围区间。

图 5.9　斜 45°对侧悬停

　　若无人机向飞手左侧偏移,如图5.10(a)所示,此时,应该向右打副翼,同时推升降舵进行修正,如图5.10(b)所示。右侧偏移时反向操作。

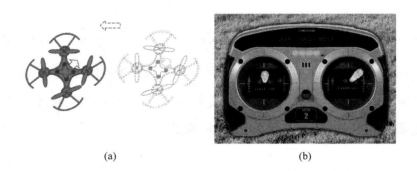

(a)　　　　　　　　　　　　　　(b)

图 5.10　向左侧偏移右打副翼推升降舵

　　若无人机向飞手前方偏移,如图5.11(a)所示,此时,应该向右打副翼,同时拉升降舵进行修正,如图5.11(b)所示。后方偏移时反向操作。

2. 对尾左斜 45°

　　如图5.12所示,将无人机起飞升至1~3m高度,连续小舵量向左打方向

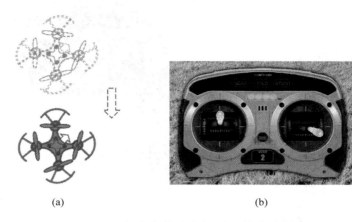

$$\text{(a)} \qquad\qquad\qquad \text{(b)}$$

图 5.11　向前方偏移右打副翼拉升降舵

舵摇杆,使无人机机头方向向左旋转 45°,悬停在停机坪上方,操控无人机在停机坪上空前、后、左、右各 0.5m 的范围内进行对尾左斜 45°悬停练习,高度的上、下浮动控制在 0.5m 内。随着操作技术的熟练,可慢慢缩小无人机运动范围区间。

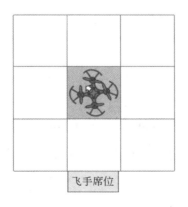

飞手席位

图 5.12　对尾左斜 45°

若无人机向飞手左侧偏移,如图 5.13(a)所示,此时,应该向右打副翼,同时拉升降舵进行修正,如图 5.13(b)所示。右侧偏移时反向操作。

若无人机向飞手前方偏移,如图 5.14(a)所示,此时,应该向左打副翼,同时拉升降舵进行修正,如图 5.14(b)所示。后方偏移时反向操作。

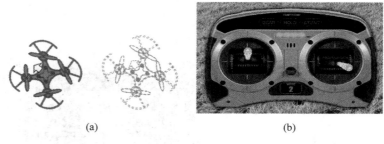

(a)   (b)

图 5.13 无人机向飞手左侧偏移对尾左斜 45°

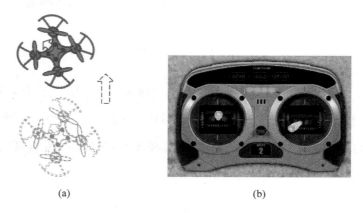

(a)   (b)

图 5.14 无人机向飞手前方偏移对尾左斜 45°

3. 对头左斜 45°

如图 5.15 所示,将无人机起飞升至 1~3m 高度,连续小舵量向左打方向舵摇杆,使无人机机头方向向左旋转 135°,悬停在停机坪上方,操控无人机在

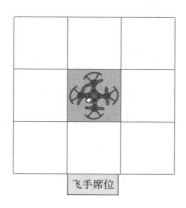

图 5.15 对头左斜 45°

停机坪上空前、后、左、右各 0.5m 的范围内进行对头左斜 45°悬停练习,高度的上、下浮动控制在 0.5m 内。随着操作技术的熟练,可慢慢缩小无人机运动范围区间。

若无人机向飞手左侧偏移,如图 5.16(a)所示,此时,应该向左打副翼,同时拉升降舵进行修正,如图 5.16(b)所示。右侧偏移时反向操作。

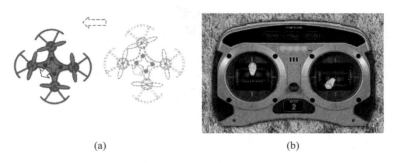

(a)　　　　　　　　　　　　　　(b)

图 5.16　向左侧偏移左打副翼拉升降舵对头左斜 45°

若无人机向飞手前方偏移,如图 5.17(a)所示,此时,应该向左打副翼,同时推升降舵进行修正,如图 5.17(b)所示。后方偏移时反向操作。

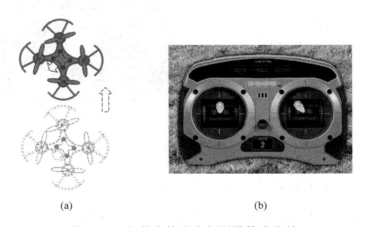

(a)　　　　　　　　　　　　　　(b)

图 5.17　向前方偏移左打副翼推升降舵

4. 对头右斜 45°

如图 5.18 所示,将无人机起飞升至 1～3m 高度,连续小舵量向左打方向舵摇杆,使无人机机头方向向右旋转 135°,悬停在停机坪上方,操控无人机在停机坪上空前、后、左、右各 0.5m 范围内进行对头右斜 45°悬停练习,高度的上、下浮动控制在 0.5m 内。随着操作技术的熟练,可慢慢缩小无人机运动范围区间。

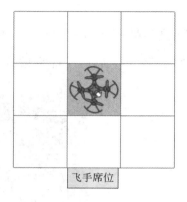

图 5.18　对头右斜 45°

若无人机向飞手左侧偏移,如图 5.19(a)所示,此时,应该向左打副翼,同时推升降舵进行修正,如图 5.19(b)所示。右侧偏移时反向操作。

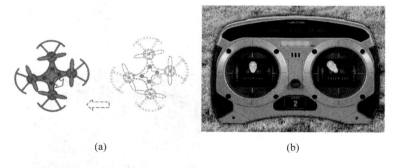

(a)　　　　　　　　　　(b)

图 5.19　向左侧偏移左打副翼推升降舵对头右斜 45°

若无人机向飞手前方偏移,如图 5.20(a)所示,此时,应该向右打副翼,同时推升降舵进行修正,如图 5.20(b)所示。后方偏移时反向操作。

六、悬停拓展练习

(1)如图 5.21 所示,以红圆圈内黄色锥桶为原点练习对头右斜 45°悬停时练习机发生偏斜(练习机绿桨为机尾,黑桨为机头,下文所有练习机图示均与此相同),请写出修正方式。

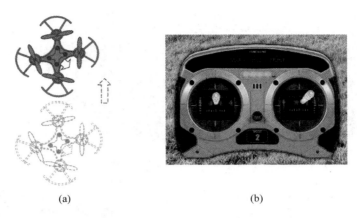

(a)　　　　　　　　　　　　　　(b)

图 5.20　向前方偏移右打副翼推升降舵对头右斜 45°

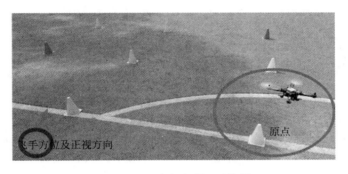

图 5.21　对头右斜 45°偏转

修正方式：

（2）如图 5.22 所示，以 A 桶为原点对头左斜 45°悬停训练时练习机发生偏转，请写出修正方式。

图 5.22　对头左斜 45°偏转

修正方式：

（3）如图 5.23 所示，以 A 桶为原点练习对头左斜 45°悬停时练习机发生偏飞，请写出修正方式。

图 5.23　对头左斜 45°偏飞

修正方式：

（4）如图 5.24 所示，以 A 桶为原点进行右侧位悬停练习时练习机发生偏移，请写出修正方式。

图 5.24　右侧悬停偏移

修正方式：

（5）如图 5.25 所示，以 A 桶为原点对头悬停训练时练习机发生偏移，请写出修正方式。

图 5.25　对头悬停偏移

　　修正方式：

　　（6）如图 5.26 所示，以 A 桶为原点对头左斜 45°悬停练习时练习机发生偏移，请写出修正方式。

图 5.26　对头左斜 45°偏移

修正方式：

　　（7）如图 5.27 所示,以 A 桶为原点左侧位悬停练习时练习机发生偏移,请写出修正方式。

图 5.27　左侧悬停偏移

　　修正方式：

　　（8）如图 5.28 所示,以 A 桶为原点对尾悬停练习时练习机发生偏移,请写出修正方式。

图 5.28 对尾悬停偏移

修正方式：

（9）如图 5.29 所示，操控练习机以对头的形式从 A 桶沿白线飞向 B 桶时练习机发生偏移（实际对尾飞行），请写出修正方式。

图 5.29 对尾飞行偏移

修正方式：

（10）如图 5.30 所示，以 A 桶为原点对尾悬停练习时练习机发生偏移，请写出修正方式。

图 5.30 对尾悬停偏移

修正方式：

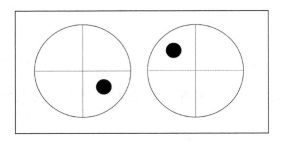

七、悬停拓展附加练习

如图 5.31 所示,为遥控器操作简易示意图,圆圈表示遥控器面板,黑色圆点代表摇杆位置。根据图 5.31 所示,总结以上 10 个悬停拓展练习的修正方式,在下附答题卡中画出修正过程中任意两步的摇杆示意。

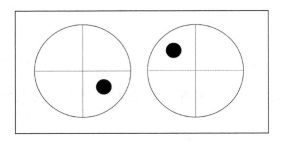

图 5.31　遥控器操作示意

答题卡:(第 1 题)

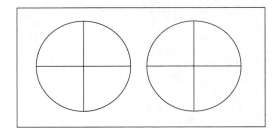

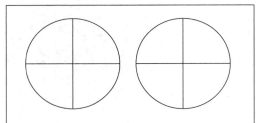

(第 2 题)

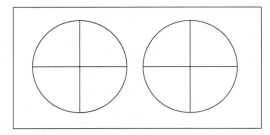

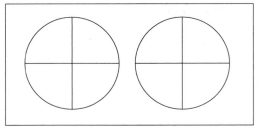

（第 3 题）

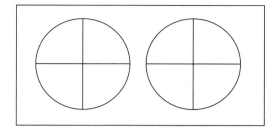 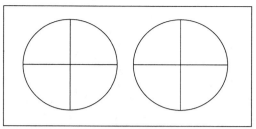

（第 4 题）

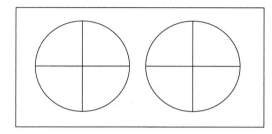 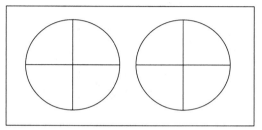

（第 5 题）

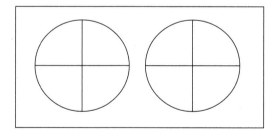 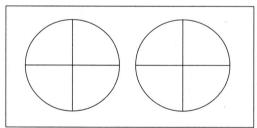

（第 6 题）

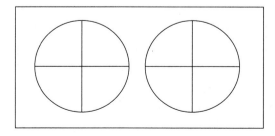 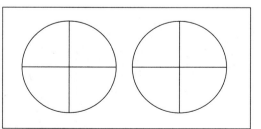

（第 7 题）

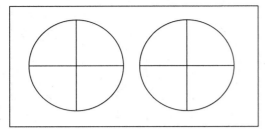 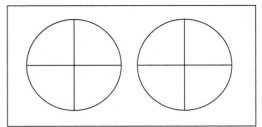

（第 8 题）

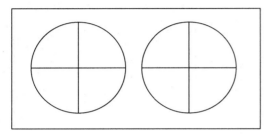 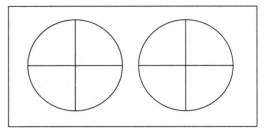

（第 9 题）

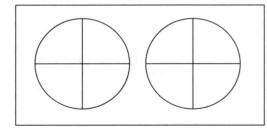 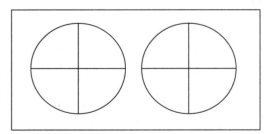

（第 10 题）

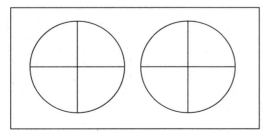 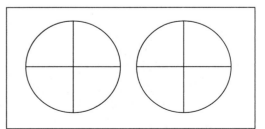

第三节　无人机进阶飞行训练

经过模拟器的系统练习和基础飞行动作的操控训练,同学们可进行进阶式的飞行训练。

一、三种飞行模式

在实际工作中,我们用到的无人机都是带有 GPS 的,后面的无人机设计用到的样机也都带有 GPS。使用 GPS 飞行会感到很轻松,因为前面的飞行是使用的自稳模式。无论自稳模式还是 GPS 模式,对尾飞行时打左副翼无人机的姿态都会呈现向左倾斜的现象。但是当副翼杆回中后,手动模式、自稳模式、GPS 模式的区别就可以清晰地呈现出来。

1. 手动模式

手动模式中即使左副翼杆回中,无人机仍然保持向左倾斜的姿态向左运动[图 5.32(a)],必须右打副翼,无人机才能恢复水平。由于惯性,无人机会继续向左偏移[图 5.32(b)],只能通过不断地右打副翼才能将无人机恢复平稳。

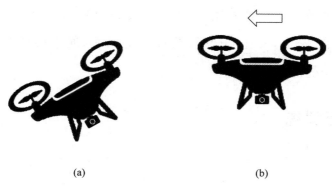

(a)　　　　　　　　　　　　(b)

图 5.32　手动模式

2. 自稳模式

自稳模式下副翼回中后,无人机姿态会自动回中[图 5.33(a)],同样,由于惯性,无人机会继续向左偏移[图 5.33(b)]。

(a)　　　　　　　　　　(b)

图 5.33　自稳模式

3. GPS 模式

GPS 模式下,当副翼杆回中后,无人机姿态恢复水平,同时,无人机会悬停在空中,而且位置不会发生变化,如图 5.34 所示。

对比发现,无人机在 GPS 模式下要比在手动模式、自稳模式下更好控制。由于 GPS 定点、定高的功能,只要不打杆,无人机会平稳悬停在空中。

图 5.34　GPS 模式

在前期的训练中,一般采用自稳模式飞行,既比手动模式简单、安全,又比 GPS 模式训练提高快,便于后期工作中遇到突发事件时迅速应变处理。

二、飞行训练

1. 基础飞行

运用前面所学知识,控制无人机相对于飞手对尾、左侧位、右侧位、对头分别做前进 5m、后退 5m、左移 5m、右移 5m 的操控练习,修正方式参照前面所学知识,如图 5.35 所示。

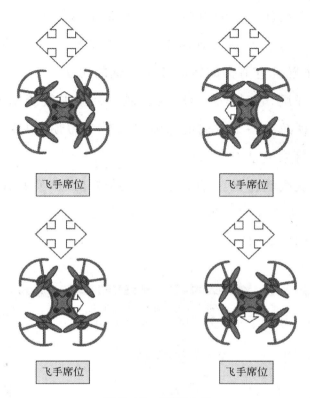

图 5.35　基础飞行

2. 矩形航线

无人机升空后,使用升降舵向前推进,推进过程中如飞机偏离航线,需用副翼或升降舵进行调整,推进 2～3m 后使用方向舵让无人机转弯,以此类推完成一个完整的矩形航线。练习矩形航线时顺时针和逆时针要同时练习。

矩形航线飞行是四位悬停过关后首先应进行的科目,这是所有航线飞行的基础。

对于一个四位悬停(对尾悬停、两个侧位悬停、对头悬停)已能熟练操作的飞手来说,矩形航线飞行是非常简单的。相反,如果四位悬停并没有真正过关,那么学习矩形航线飞行就更是一项巨大挑战。

刚开始进行矩形航线飞行的窍门是一定要注意控制无人机的前进速度，过快的前行速度会给新飞手的矩形航线飞行带来意想不到的困难。

转弯操作时应适当控制飞行速度，不用着急转过来，在四位悬停能熟练操作的情况下，缓慢且有节奏的转向才是正确的做法。

另外要再次强调，顺时针矩形航线和逆时针矩形航线都要飞行熟练。虽然对大多数人来说总是一个方向的航线飞行较为习惯，但双向的熟练航线对于后面的其他科目来说是至关重要的。

标准的矩形航线动作是：直线飞行时控制好航线，使其保持笔直，转弯飞行时控制好左、右弯半径的一致。在整个航线飞行过程中应尽量保持速度一致，高度一致，如图 5.36 所示。

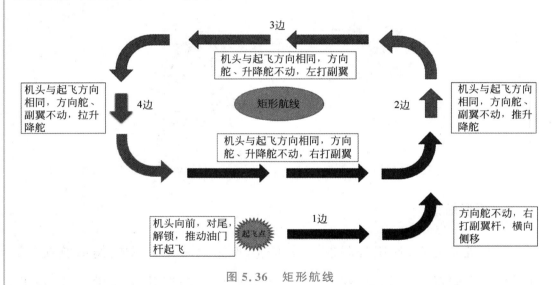

图 5.36　矩形航线

3. 360°自旋

360°自旋训练是飞手的进阶训练，在熟练完成对四位悬停及四种斜45°对侧悬停之后，可以尝试完成以下训练。

无人机起飞之后，按照对尾—对尾左斜 45°—左侧位—对头左斜 45°—对头—对头右斜 45°—右侧位—对尾右斜 45°—对尾的顺序完成一个完整的360°自旋，如图 5.37 所示。

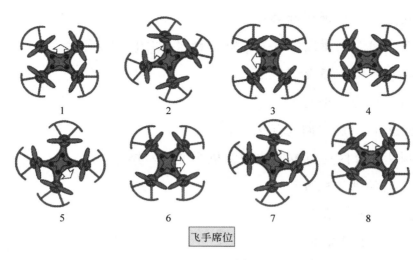

1　　　　2　　　　3　　　　4

5　　　　6　　　　7　　　　8

飞手席位

图 5.37　360°自旋

第四节　无人机综合飞行

一、米字飞行

米字飞行要求飞手在如图 5.38 所示的规定区域内对侧飞行,具体飞行要求如下。

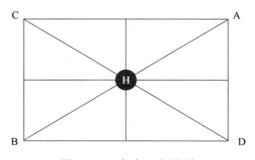

图 5.38　米字飞行区域

（1）无人机起飞后对尾悬停,悬停平稳后右侧位悬停,如图 5.39 所示。

（2）以右侧位姿态飞往 A 点。

（3）到达 A 点后退至 B 点。

（4）到达 B 点后退至起降点。

（5）打方向舵至无人机变为左侧位悬停,如图 5.38 所示。

（6）以左侧位姿态飞至 C 点。

（7）到达 C 点后退至 D 点。

（8）到达 D 点后飞回起降区。

（9）到达起降区后打方向舵调整机头变为对尾。

米字飞行的训练标准如下。

（1）无人机起飞和降落平稳。

（2）自旋过程中高度稳定。

（3）水平方向漂移停机坪不超过 1m。

（4）无人机旋转过程中出现漂移及时打舵纠正,边纠正边飞行,中途不停止转动。

（5）旋转一圈用时 20～30s,如图 5.39 所示。

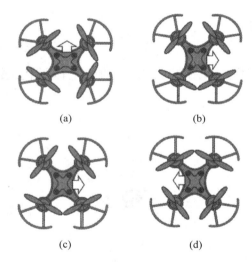

图 5.39　米字飞行旋转一圈

二、双向水平 8 字飞行

8 字飞行是无人机飞手考试内容之一,该项目可以充分考查飞手对于无人机是否能做到有效控制。

8字飞行要求飞手在 12m×8m 的矩形区域内飞行,依次飞过 7 个点上方,飞过的路径为一个圆润的 8 字,飞行区域及航线如图 5.40 所示。

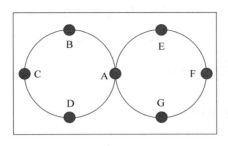

图 5.40　8 字飞行区域

1. 8 字飞行航线

8 字飞行的具体航线说明如下。

(1) 将无人机起飞后飞至 A 点处,与 A 点处对尾悬停。

(2) 由 A 点飞往 B 点,到达 B 点时无人机姿态为对左侧。

(3) 由 B 点飞往 C 点,到达 C 点时无人机姿态为对头。

(4) 由 C 点飞往 D 点,到达 D 点时无人机姿态为对右侧。

(5) 由 D 点飞往 A 点,到达 A 点时无人机姿态为对尾。

(6) 由 A 点飞往 E 点,到达 E 点时无人机姿态为对右侧。

(7) 由 E 点飞往 F 点,到达 F 点时无人机姿态为对头。

(8) 由 F 点飞往 G 点,到达 G 点时无人机姿态为对左侧。

(9) 由 G 点飞往 A 点,到达 A 点时无人机姿态为对尾。

在 8 字飞行中,需要升降舵、油门舵、方向舵和副翼舵四个舵协调配合控制,对飞手的操控技术有很高的要求。

8 字飞行的航线可以采取分段化练习方式,分为 8 段进行练习。从 A 点到 B 点的过程就是四位悬停中对尾旋转至对左的过程,加推升降舵,使无人机匀速向前飞行,飞行到 B 点时无人机姿态刚好处于对左;简单概括为匀速推升降舵及方向舵,使无人机匀速旋转及前进,如果无人机旋转速度与前进速度不协调导致无人机没有按照 8 字航线飞行时还需要打副翼进行纠正,保证无人机在飞到 B 点时能准确处于对左姿态。同理,其余 7 段航线的飞行都是一样的操作。但是无人机方位的变化以及飞手观察无人机视线的变化,会对飞手操控飞行造成一定的干扰。只有四位悬停基础练习扎实,才能有效降低无人机方位变化对飞手产生的影响,只要加强练习,就能熟练协调四个舵面达到平稳飞行 8 字航线的效果。

2. 8 字飞行窍门及训练标准

8 字飞行的窍门在于注意控制无人机前进的速度,除了前面提到的匀速外还需要保持低速,只有缓慢匀速前进的速度才能给飞手充分的反应时间去调整无人机的旋转速度及角度,或者打副翼纠正无人机的侧滑偏移,所以不能让无人机的前进速度变快。一旦速度加快,无人机将会出现如下情况。

(1)还未旋转到位就已经到下一个航点。

(2)无人机侧滑出大段距离无法继续按航线飞行。

8 字飞行训练标准如下。

(1)无人机起飞与降落平稳、柔和。

(2)飞行过程中飞行高度稳定,无掉高,无飘高。

(3)在航线飞行时无人机定点准确,在 7 个航点处的姿态要清晰,在 B 点时为对左姿态,C 点时为对头姿态,D 点时为对右姿态,A 点时为对尾,E 点时为对右姿态,F 点时为对头,G 点时为对左姿态。

(4)无人机飞行航线准确,在各个航点间飞行是要画出弧度,不能按直线飞行。

(5)无人机航线飞行时前进速度均匀,打方向舵旋转速度均匀。

(6)无人机在各航点间飞行时如果发生侧滑偏移,应及时打副翼修正。

无人机的飞行需要经过大量的练习,同学们在每次练习后都要进行总结,规避飞行中的坏习惯。基础的飞行练习比较枯燥,但是基础的飞行动作是后期飞行的根本。只有打下良好的基础,在遇到突发事件时才能够很好地解决,最终成为一名合格的职业飞手。

1. 简述多旋翼无人机水平 8 字飞行训练标准。

2. 简述多旋翼无人机自旋 360°飞行训练标准。

3. 简述常用的三种飞行模式及各自的特点。

第 六 章 拓展练习及考核

考核标准

项目评价	任务评价内容	分值	自我评价	教师评价
起降训练	定点起飞	15		
	定点降落	15		
遥控器飞行	GPS 模式飞行	10		
	姿态模式定点悬停	5		
	姿态模式四位悬停	15		
	姿态模式定点慢速自悬	20		
	姿态模式水平 8 字训练	20		
总 评				
个人学习总结				
教师总评				

注意：图 6.1 为拓展练习(1)~(10)场地示意图,所有习题中均以示意图方位为准。

图 6.1 拓展练习(1)~(10)飞行场地示意图

（1）如图 6.2 所示,练习机在 8 号锥桶以对尾姿态飞行到 5 号锥桶上方,再以对尾右斜 45°姿态飞行到 9 号锥桶上方悬停。请写出具体打杆方式并画出其中任意两步打杆示意图。

图 6.2　拓展练习 1

打杆方式:

打杆示意:

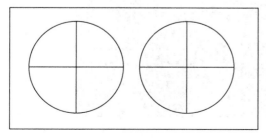

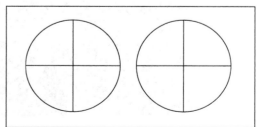

（2）如图 6.3 所示，练习机在 3 号锥桶上方对头悬停，然后以对头右斜 45°姿态飞行到 5 号锥桶上方后对尾悬停，然后再以对尾左斜 45°姿态飞行到 1 号锥桶上方对头悬停。请写出具体打杆方式并画出其中任意两步打杆示意图。

图 6.3　拓展练习 2

打杆方式：

打杆示意：

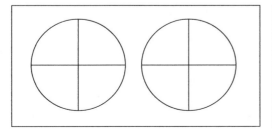
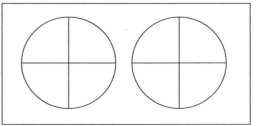

（3）如图 6.4 所示，练习机以对头左斜 45°的姿态在 1 号锥桶上方飞行到 5 号锥桶上方时，发生偏移，修正后在 5 号锥桶上方以对头形式飞行到 7 号锥桶上方。请写出修正方式及后续操控方式并画出任意两步打杆示意图。

图 6.4　拓展练习 3

修正方式：

打杆示意：

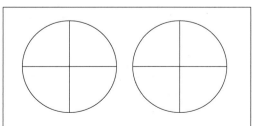 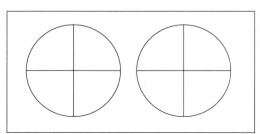

（4）如图 6.5 所示，练习机在 1 号锥桶上方对头悬停，然后以对头左斜 45°的姿态飞行到 5 号锥桶上方悬停，再以对头姿态飞行到 9 号锥桶上方对尾右斜 45°悬停。请写出具体打杆方式并画出其中任意两步打杆示意图。

图 6.5 拓展练习 4

打杆方式：

打杆示意：

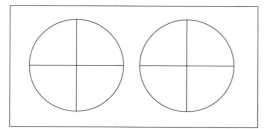
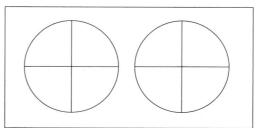

（5）如图 6.6 所示,练习机以对尾姿态由 2 号锥桶上方飞行到 5 号锥桶上方并对尾悬停,然后以对头右斜 45°姿态飞向 4 号锥桶并悬停,5s 后以对头左斜 45°姿态飞向 8 号锥桶上方并对头悬停 45°。请写出具体打杆方式并画出其中任意四步打杆示意图。

图 6.6　拓展练习 5

打杆方式：

打杆示意：

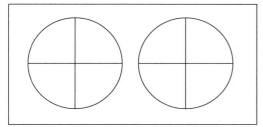 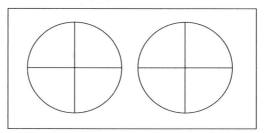

（6）如图 6.7 所示，练习机以对头姿态由 2 号锥桶飞向 5 号锥桶上方并对尾悬停 5s，然后转向对尾左斜 45°姿态飞向 3 号锥桶并悬停 5s，然后以对尾姿态平移到 2 号锥桶上方。请写出具体打杆方式并画出其中任意两步打杆示意图。

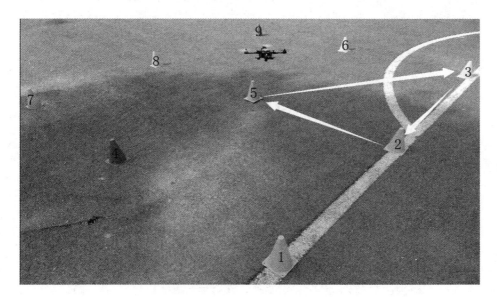

图 6.7　拓展练习 6

打杆方式：

打杆示意：

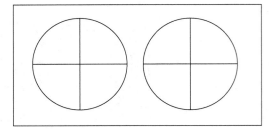 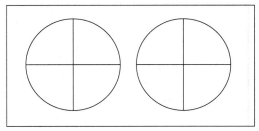

（7）如图 6.8 所示，练习机以对尾左斜 45°姿态由 5 号锥桶飞向 9 号锥桶时发生偏移，请写出修正方式并画出打杆示意图。

图 6.8　拓展练习 7

修正方式：

打杆示意：

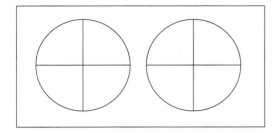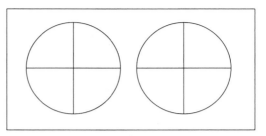

（8）如图 6.9 所示，练习机在 1 号锥桶上方对尾悬停，然后以左侧位姿态飞向 5 号锥桶并对尾悬停 5s 后改为左侧位姿态飞向 3 号锥桶对头悬停 5s。请写出具体打杆方式并画出其中任意两步打杆示意图。

图 6.9　拓展练习 8

打杆方式：

打杆示意：

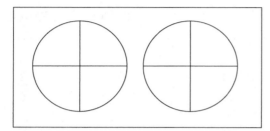
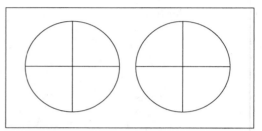

（9）如图 6.10 所示，练习机以对尾左斜 45°姿态由 7 号锥桶飞向 5 号锥桶做对头右斜 45°悬停，然后以对头左斜 45°姿态飞向 9 号锥桶。请写出具体打杆方式并画出其中任意两步打杆示意图。

图 6.10　拓展练习 9

打杆方式：

打杆示意：

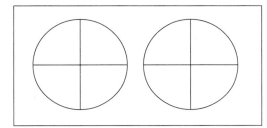
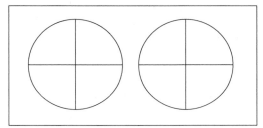

（10）如图 6.11 所示，练习机以对尾右斜 45°姿态从 3 号锥桶飞向 2 号锥桶上方做对头悬停 5s 后，改变为对头左斜 45°姿态飞向 4 号锥桶并保持原状态悬停 5s 后对尾姿态飞向 5 号锥桶。请写出具体打杆方式并画出其中任意两步打杆示意图。

图 6.11　拓展练习 10

打杆方式：

打杆示意：

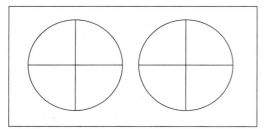 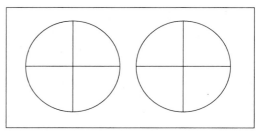

注意：图 6.12 为拓展练习(11)～(15)场地示意图,所有习题中均以示意图方位为准。

图 6.12　拓展练习(11)～(15)飞行场地示意图

（11）如图 6.13 所示，练习机由停机坪起飞后在 1 号锥桶上方悬停 5s，然后保持机头冲向航向沿白色引导线做逆时针圆形航线飞行。请写出在每个锥桶飞向下个锥桶时的打杆方式并画出任意两步打杆示意图。

图 6.13　拓展练习 11

打杆方式：

打杆示意：

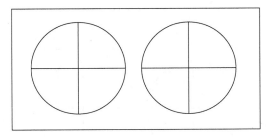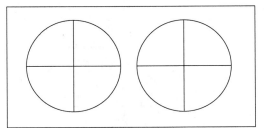

（12）如图 6.14 所示，在逆时针圆形航线中，练习机到达 3 号锥桶时发生偏转，请写出修正方式并画出打杆示意图。

图 6.14　拓展练习 12

修正方式：

打杆示意：

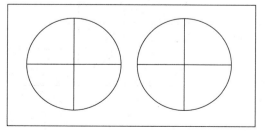

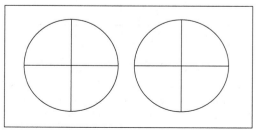

（13）如图 6.15 所示,练习机由停机坪起飞后在 1 号锥桶上方悬停 5s,然后保持机头一直冲向航向沿白色航线顺时针做圆形航线飞行,请写出在每个锥桶飞向下个锥桶时的打杆方式并画出任意两步打杆示意图。

图 6.15　拓展练习 13

打杆方式:

打杆示意:

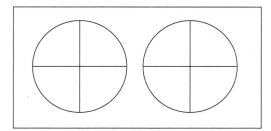
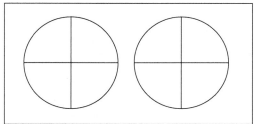

（14）如图 6.16 所示，在顺时针圆形航线中，练习机到达 7 号锥桶时发生偏转，请写出修正方式并画出打杆示意图。

图 6.16　拓展练习 14

修正方式：

打杆示意：

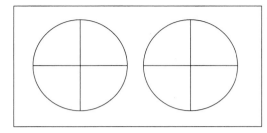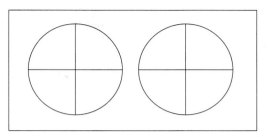

（15）如图 6.17 所示，练习机沿指定航线保持机头冲向航向做 S 形飞行，请写出具体打杆方式并画出任意四步打杆示意图。

图 6.17　拓展练习 15

打杆方式：

打杆示意：

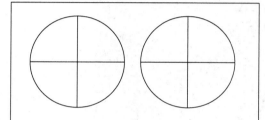
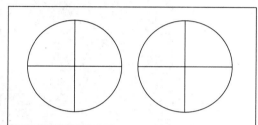

参 考 文 献

[1] 吴森堂.飞行控制系统[M].北京：北京航空航天大学出版社,2013.

[2] 段连飞,章炜,黄瑞祥.无人机任务载荷[M].西安：西北工业大学出版社,2017.

[3] 鲁储生,等.无人机组装与调试[M].北京：清华大学出版社,2019.

[4] 杨苡,戴长靖,孙俊田.无人机操控技术[M].北京：机械工业出版社,2020.

[5] 郭学林.航空摄影测量外业[M].郑州：黄河水利出版社,2011.

[6] 张宇雄.电动模型飞机动力系统配置[M].北京：北京航空航天大学出版社,2015.

[7] 于坤林,陈文贵.无人机结构与系统[M].西安：西北工业大学出版社,2016.

[8] 邓非,闫利.摄影测量实验教程[M].武汉：武汉大学出版社,2012.

[9] Terry Kilby&Belinda Kliby.自己动手制作无人机[M].姚军,等译.北京：机械工业出版社,2017.

[10] 鲁道夫·乔巴尔.玩转无人机[M].吴博,译.北京：人民邮电出版社,2015.

[11] 鲍凯.玩转四轴飞行器[M].北京：清华大学出版社,2015.

[12] 贾玉红.航空航天概论[M].北京：北京航空航天大学出版社,2013.

[13] 段连飞.无人机图像处理[M].西安：西北工业大学出版社,2017.

[14] 美国 Make 杂志.爱上无人机：原料结构、航拍操控与 DIY 实例精汇[M].陈立畅,等译.北京：人
民邮电出版社,2017.

[15] 万刚,等.无人机测绘技术及应用[M].北京：测绘出版社,2015.

[16] 王永虎.直升机飞行原理[M].成都：西南交通大学出版社,2017.

[17] 孙毅.无人机驾驶员航空知识手册[M].北京：中国民航出版社,2014.

[18] 杨华保.飞机原理与构造[M].西安：西北工业大学出版社,2016.

[19] 贾忠湖.飞行原理基础[M].北京：国防工业出版社,2016.

[20] 邢琳琳.飞行原理[M].北京：北京航空航天大学出版社,2016.

[21] 刘星,司海青,蔡中长.飞行原理[M].北京：科学出版社,2016.

[22] 杨浩,城堡里学无人机原理、系统与实现[M].北京：机械工业出版社,2017.

[23] 陈康,刘建新.直升机结构与系统(ME-TH、PH)[M].北京：清华大学出版社,2016.

[24] 陈金良.无人机飞行管理[M].西安：西北工业大学出版社,2014.

[25] 马丁·西蒙斯.模型飞机空气动力学[M].肖治垣,等译.北京：航空工业出版社,2007.